융복합산업혁명

인피니티컨설팅

머 리 말

농촌이 무너지고 있다. 농촌이 없으면 나라도 없다. 한마디로 농업을 살리는 일은 식량안보와도 직결된다. 바로 여기에 농업을 지키려는 노력을 게을리해서는 안 되는 이유다. 우리나라 농업의 발전은 1978년부터 쌀 자급을 달성하고 새로운 전환기를 맞이하였다. 생산력 제고를 위해 토양의 질을 높이고, 농업기술 보급을 통한 생산력을 향상하고, 나아가 농촌발전을 위한 지원 등 정부의 지속적인 정책을 통해 발전을 진행해 왔다.

그러나 1986년 우루과이에서의 관세 및 무역에 관한 일반협정, 1995년 세계무역기구 출범, 2012년 한·미 FTA 발효 등으로 저렴한 외국 농산물이 수입됨에 따라 농촌의 경쟁력이 점차 떨어지고 있다.

이러한 와중에 우리의 농촌 현실은 다양한 어려움과 변화에 직면하고 있다. 농촌 인구 감소로 농업에 종사하는 인구의 감소와 산업화 및 도시화의 진행은 농촌의 이촌향도 현상으로 농촌 인구가 감소하고 있다. 또한 과학 기술의 발달에 따른 인간의 평균 수명이 대폭 연장되고 세계 최저 출산율을 기록하면서 농촌 사회는 고령화가 심각해지고 있고, 도농 간의 소득 격차, 소득감소로 농촌의 활력이 떨어지고 있다.

이러한 대내외적 위협에 놓인 농촌을 살리기 위한 새로운 생존전략이 필요하게 되었다. 농촌을 살리는 노력은 단순한 개인의 문제가 아니라, 농촌이 없이는 우리가 생존할 수 없기 때문에 우리 모두가 함께 나아가야 할 공동의 목표다. 농촌이 지역사회의 중심으로서 발전하고, 지속 가능한 미래를 모색하는 것은 매우 큰 의미가 있다.

일본에서는 인구의 감소와 고령화 등의 문제를 안고 있는 농어촌지역에 새로운 소득원을 개발하여 산업 간 그리고 지역 간의 불균형을 해결하기 위한 방안으로 6차산업을 도입하였다. 6차산업은 이러한 현실 속에서 기존에 농산물 생산이 중심이 되는 1차산업에서, 농산물 가공이나 식품 개발 등 제조 가공을 하는 2차산업, 나아가 로컬푸드, 관광 체험, 교육 서비스 등의 3차산업을 결합하여 6차산업(융복합산업)으로 확장하여 안정적인 고소득을 높이려는 것이다.

따라서 이 책은 농촌의 가치와 중요성을 인식하고, 융복합산업화를 통해 농촌의 새로운 가능성을 모색하고자 하는 데서 쓰여졌다. 융복합산업화는 농작물의 생산과 가공, 그리고 놀이의 융합으로 이는 농산물 생산과 관리에 혁신을 제공하고 농촌 경제의 다각화와 가치를 높이는데 가장 효과적인 방법이다. 융복합산업화를 통해 농업 생산성과 품질을 향상시키며, 농민의 소득증대와 지역사회의 발전을 이룰 수 있다.

이 책은 융복합산업의 현황과 융복합산업 성공사례를 통해 융복합산업의 발전 방향을 모색하고자 한다. 융복합산업으로 모든 농촌이 지역경제를 활성화하여 소득 증대에 도움이 되었으면 한다. 따라서 이 책은 학술적 저서라기보다는 농촌을 살려 보자는 제안의 차원에서 융복합산업혁명에 관련된 자료들을 엄선하여 정리하고 저자의 의도를 반영한 것에 불과하다.

기존의 자료를 정리하고 편집하는 과정에서 의도하지 않은 오류가 있었다면 모두 저자들의 책임이며, 독자 제현의 이해를 바란다. 끝으로 자료 수집과 편집에 큰 도움을 준 전도근 박사에게 감사드리고, 이 책이 농촌 활력에 작은 밀알이 되었으면 한다.

신신자·이창기 지음

목 차

제1장

6차산업과 융복합산업

1. 6차산업과 융복합산업의 정의

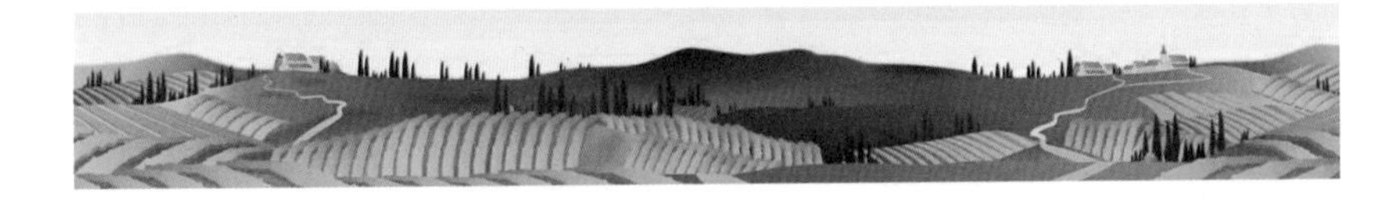

6차산업은 원래 1차산업인 농·임·어업과 2차산업인 제조·가공업, 3차산업인 서비스업을 융복합화로 결합시켜 새로운 부가가치와 지역의 일자리를 창출함으로써 지역경제 활성화를 촉진하는 산업을 말한다. 6차 산업은 농·임·어업의 1차산업과 가공업인 2차산업과 서비스업인 3차산업이 모두 결합되었기에 농촌 융복합산업이라고도 한다.

6차산업화는 농산물 생산(1차)만 하던 농가가 고부가가치 제품을 가공(2차)하고, 나아가 향토 자원을 활용한 농장 체험 프로그램 등 서비스업(3차)으로 확대하면 더 높은 부가가치를 올릴 수 있게 된다. 즉 1차산업×2차산업×3차산업=6차산업을 말한다.

6차 산업

〈표 1-1〉 6차산업

구분	내용
1차산업	농산물, 임산물, 수산물, 특산물 생산 등 기타 유무형 자원
2차산업	식품 제조 가공, 특산물 제조 가공, 공산품 제조 등
3차산업	유통, 관광, 축제, 체험학습, 외식, 숙박, 컨벤션, 치유, 교육 등 서비스

6차산업을 하기 위한 가장 기본은 농업·어업·임업 등에서 산물이 생산되는 농어산촌을 제외하고는 성립되지 않는다. 즉, 산품이 0이 되기 때문에 0×2×3 =0이 된다. 그리고 농업의 생산, 가공, 서비스의 단순한 집합이 아니라(1차+2차+3차≠6차산업), 이들 산업이 상호 보완적으로 연계되고, 유기적·종합적인 융합(1차×2차×3차=6차산업)이어야 한다.

6차산업은 농촌의 유무형 자원을 활용한 제조·가공의 2차산업과, 체험·관광 등의 서비스 3차산업의 융복합을 통해 새로운 부가가치와 지역의 일자리를 창출함으로써 지역경제 활성화를 촉진하는 활동이다.

예를 들어, 감 농사를 짓는 감 농가의 재배 면적이 충분하지 않아 생산된 감을 판매하는 것만으로 충분한 소득을 얻기 어려운 경우, 재배한 감을 곶감이나 감 식초 등으로 가공·판매하여 새로운 소득을 얻을 수 있다. 또한 감 농장을 체험농장으로 만들어 도시민들이 농장 체험이나 숙박 등의 서비스를 이용하도록 하여 소득을 추가로 창출하기도 한다. 이처럼 6차산업은 농가가 자신의 농업은 물론 주변 여건과 기술 등을 최대한 활용하여 새로운 소득원을 창출하도록 하는 것이다.

2. 6차산업의 등장

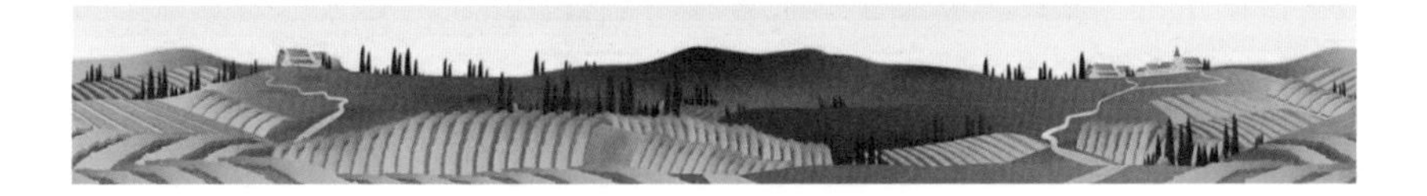

6차산업이 등장하게 된 배경에는 과거 농어업생산(1차산업)을 중심으로 한 산업 편중 상태에서 2, 3차산업이 성립되면서 농업의 쇠퇴는 불을 보듯 뻔한 미래가 되었다. 농업의 쇠퇴는 지역경제의 쇠퇴를 초래할 수밖에 없기 때문에 농촌을 탈출하려는 인구의 증가로 지역위기 극복을 위한 대안으로 6차산업이 등장하였다.

6차산업이란 용어는 일본에서 유래되었다. 일본은 1990년대부터 경제가 침체기에 접어들고, 농촌을 떠나는 사람들이 늘어 활기를 잃게 되자 일본 정부는 농업 경쟁력을 강화하기 위한 아이디어로서 6차산업을 시작하게 되었다.

이마무라 나라오미

6차산업이란 단어를 처음 사용한 것은 1988년 일본의 이마무라 나라오미(今村奈良臣) 동경대학 농업경제학 교수가 "농업이 1차산업에만 머물지 말고, 2차산업(농축산물의 가공식품 제조)과 3차산업(도소매·정보서비스·체험관광 등)에까지 영역을 확장함으로써 농촌에 새로운 가치를 불러일으키고, 고령자나 여성도 새로운 취업 기회를 스스로 창출하는 사업과 활동"이라고 정의 내려 6차산업의 주창자로 알려졌다.

일본의 6차산업화는 농산물의 시장개방이 진전되는 가운데 농촌을 생존시키고 활성화하기 위한 전략의 일환으로 추진되었다. 수입 농산물의 영향으로 농업이 축소산업으로 전락하고 일자리가 줄어들게 되면서 지역경제가 쇠퇴하는 문제가 확대되었다. 이를 타개하기 위해 초기에는 농가들이 자생적으로 조직화하여 6차산업화를 실시하는 과정에서 그 효과가 인정되어 지방자치단체와 지역농협이 나서서 재정과 행정적인 지원을 하게 되었다.

6차산업화로 인하여 농가들의 소득이 증대되는 성과가 나타나자 일본 정부 및 지방자치단체는 인구감소, 고령화, 소득감소 등으로 활력을 잃어가는 농어촌을 부흥하기 위해 2011년부터 6차 산업화법(六次産業化法)을 시행하였으며 농어촌의 고용 및 소득확보에 주력하였다. 이를 계기로 6차산업이 전국적으로 확산될 수 있도록 국가가 개입하여 펀드를 만들고 농외기업의 참여를 유인하는 등 성장산업으로 주목받게 되었다. 이로 인하여 일본의 농촌은 전국적으로 6차산업화를 추진하고 있으며, 성공적인 농촌들이 나타나기 시작하였다.

일본에서는 6차산업의 효과를 더욱 높이기 위하여 6차산업으로 성공한 농촌 사례를 발굴하여 시상하고 홍보함으로써 일본 전체의 6차산업의 고도화를 적극 추진하고 있다. 일본 정부는 일본의 농촌 경제를 활성화하는 전략으로 6차산업에 주목하고 있으며, 6차산업화를 고도화하기 위하여 각종 지원정책을 전개 중이다.

3. 한국의 6차산업 역사

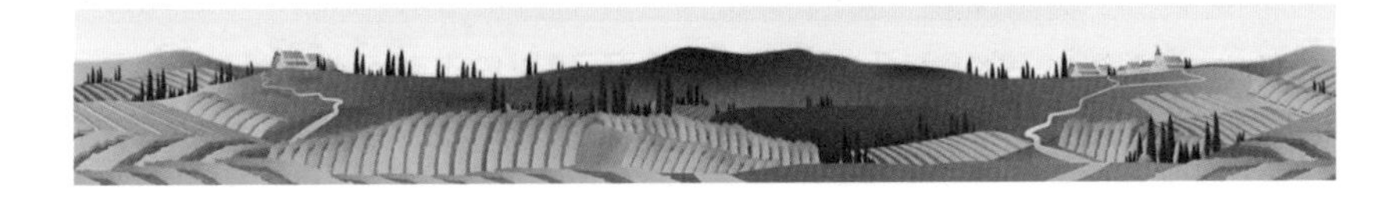

우리나라에서는 6차산업의 일환으로 2002년부터 농촌의 농외소득 증대를 위하여 '녹색농촌체험마을'을 선정하여 농촌관광 활성화를 위해 각종 지원을 시도해 왔다.

2004년에는 「국가균형발전특별법」을 제정하여 국가적인 차원에서 불균형 성장 발전을 해소하기 위하여, 6차산업이 추구하는 향토 자원 육성, 농촌관광 사업, 인재 육성, 주민 삶의 질 향상을 위한 신활력사업 정책을 시행하게 되었다.

2005년부터 시작된 '신활력사업'의 일환으로 농촌의 활력을 높이는 사업로서 6차산업이 본격적으로 논의가 시작되었으며, 2007년에는 지역에 존재하는 유·무형의 향토 자원을 발굴하고 육성하기 위하여 추진되었다. 그 후 '농공상 연대'라는 개념의 도입으로 농·공·상 융합산업 활성화를 위한 각종 시범사업과 협력 업무체계 등이 구축되었다. 이로 인하여 2007년 6월에 제주도는 유네스코 세계자연유산에 등록하고 6차산업 육성에 적극적인 노력을 기울여 세계적인 관광지로 만들어 놀라운 성과를 보여주기도 하였다.

2009년 「농어촌정비법」은 농어촌산업을 농어촌의 특산물·전통문화·경관 등 유형·무형의 자원을 활용한 식품 가공 등 제조업, 문화관광 등 서비스업 및 이와 관련된 산업을 총칭하는 것으로 개정되었다. 그리고 동년 민주당의 대선 후보였던 문재인 대통령 후보는 6차산업 추진을 주요 공약으로 집어넣으면서 주목받게 되었다.

2010년 12월에는 「지역자원을 활용한 농림어업자 등의 신사업 창출 및 지역 농림수산물의 이용 촉진에 관한 법률」이 공포되었으며, 2011년 3월부터 관련 시책이 시행되었다. 이 시책의 주요 내용은 농림어업자의 가공·판매 사업으로의 진출 등 6차산업화에 관련된 시책과 지역 농림수산물 이용을 촉진 시키기 위한 「지산지소법」 등에 관련된 시책을 종합적으로 추진하기 위한 것이다.

2011년 정책 사업의 초기에 중앙정부의 위탁사업으로 민간조직을 원칙으로 6차산업화 서포트 센터를 공모·설치하도록 했다. 그 결과 지역별로 농업진흥공사, 중소기업진단사회, 농업단체, 상공회 단체, 상공업 관련의 민간 컨설팅회사 등 사업 주체 기관이 다양하게 설립되었다.

2012년 출범한 박근혜 정부의 농림축산식품부에서 농업의 6차산업화를 주요 농업 정책 중의 하나로 제시하고, 6차산업 활성화를 위해 다양한 정책들을 도입하였다.

2014년 6월 농업의 6차산업화법이라 불리는 「농촌 6차산업 육성 및 지원에 관한 법률」이 국회 본회의를 통과하고 정부와 농협은 6차산업화 지원 협의체를 각 도별로 구성했다. 이로 인하여 각 도의 여러 농어촌지역에서 성공적으로 사업을 일구어 나가면서 전국적으로 개인, 법인, 단위, 지자체들의 성공적인 사례가 많이 생겨났다.

2017년에는 정부가 100억 원 이상 매출할 수 있는 6차산업 주체 1천 개를 육성하고, 매년 고령 농민과 여성 농민 일자리를 5천 개 이상 창출하여 4.6% 수준인 농외소득 연평균 증가율을 7.5%까지 상승시킨다는 구체적인 정책을 발표하였다.

우리나라에서 6차산업이 본격적으로 거론이 된 것은 2005년부터이며, 초기에는 농촌 체험관광으로 시작하다, 신활력사업, 향토산업을 거쳐 지금은 6차산업으로 자리를 잡았다.

현재 우리나라에서 6차산업 사업자로 인증받은 경영체는 1,492개가 있으며, 농협의 자료에 따르면 6차산업에 종사하는 농민이 5만 3천 명에 이른다.

<표 1-2> 우리나라 6차산업의 변화 특징

구분 / 내용	초기 (2000년대 초)	도입기	성장기	성숙기
주요 사업	농촌 체험관광	신활력사업	향토산업	복합산업화
특징	지역자원을 활용한 다양한 사업의 가능성 보여 줌	향토 자원 및 지역의 상향식 개발에 의한 인식 시작	사업 다각화 외연 확장	지역 특성에 맞는 모델 개발, 수익의 농가 환원
반성		사업 간·주체간 연계가 미흡한 1차산업, 2차산업, 3차산업 별도 추진	가공 사업 위주의 사업, 농업인과의 연계 미약, 사업의 지속 가능성 불투명	
사업주체 단위	마을 단위의 사업	지방자치단체 단위		마을, 기업, 지역 단위 등 다양

자료 :서윤정(2013). 융복합산업 융복합 혁명. HNCOM

4. 6차산업의 특징

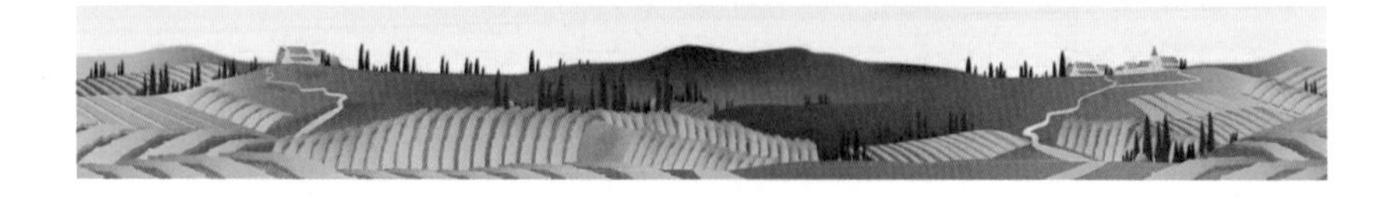

6차산업의 특징을 보면 다음과 같다.

1) 지역농업 지향적

6차산업이란 도시가 아닌, 농촌이라는 지역에서 농업을 기반으로 하는 사업을 말한다. 즉 1차산업의 생산물 없이는 6차산업이 될 수 없다. 농업생산물의 단순 생산이 아니라, 가공제조에서 체험교육 서비스 유통 판매까지 확장하는 개념으로 농촌 6차산업이다.

2) 소비자 및 시장 지향적

지금까지 농촌의 생산물은 생산자 입장에서 선택하였지만, 6차산업에서는 소비자가 원하는 생산물, 시장에서 요구하는 생산물을 만든다는 차이가 있다. 또한 기존의 농산물을 생산하여 공판장에 파는 것이 아니라 직접 시장을 개척하고, 소비자를 찾는 적극적인 영업이 필요한 산업이다.

3) 협업체계 구축

1차산업은 농민이 담당할 수 있지만, 2차산업은 제조·가공이 가능한 농협이나, 영농법인이 필요하며, 3차산업은 유통판매, 체험관광, 서비스 등을 제공해야 하기 때문에 전문가 필요하다. 따라서 6차산업이 성공하기 위해서는 농민과 농협, 영농법인, 지자체, 마케팅 전문가, 체험관광 전문가의 협업이 필요하다.

4) 경영·관리 역량

1차산업에서의 농민이 열심히 일만 하면 되지만 2차산업이나 3차산업이 성공하기 위해서는 전문적인 경영·관리 능력을 갖추어야 한다. 농산물의 품질만 좋아서는 성공하기 어렵고, 농산물을 잘 팔 수 있는 전문적인 경영·관리 역량이 높아야만 판매가 많아지고, 고수익을 보장할 수 있다.

5) ICT·BT융합

ICT·BT융합은 정보통신 기술(ICT)과 바이오 기술(BT)을 합친 것이다. 과거 농업은 노동집약적인 산업으로 인식되고, 낮은 소득, 힘든 노동 및 불리한 정주 여건으로 인적·물적 자원이 유출되고 있다. 따라서 정부는 ICT·BT융합을 통해 농업을 미래 핵심 산업으로 육성하고자 한다.

농업은 ICT·BT융합 기술은 타 산업보다 아직 초보적인 단계에 머물러 있지만, 최근 가장 활발한 연구개발이 추진되는 분야가 스마트팜(smart farm)이다.

스마트팜은 온실의 환경과 작물의 생육상태에 대한 실시간 센싱 정보를 기반으로 최적의 환경조건 유지 및 배양액 제어를 통해 작물의 생산성 및 품질을 향상하고자 하는 ICT·BT융합 기술이다.

6) 차별화

6차산업이 성공하기 위해서는, 기존의 생산방법에만 의존하기보다는 기술의 변화에 맞게 생산단계부터 신기술 도입을 통한 질의 고급화와 차별화가 필요하다. 2차산업이나 3차산업에서도 남들이 하지 않는 제품을 생산하거나 체험 프로그램을 통해서 차별화가 되어야 한다. 남들과 같은 생산물, 가공, 서비스를 제공한다면 결코 소비나 관광객의 방문을 기대하기 어렵다. 남들과 무엇인가 다를 때 소비나 관광객의 증가를 기대할 수 있다.

5. 융복합산업 육성 및 지원에 관한 법률

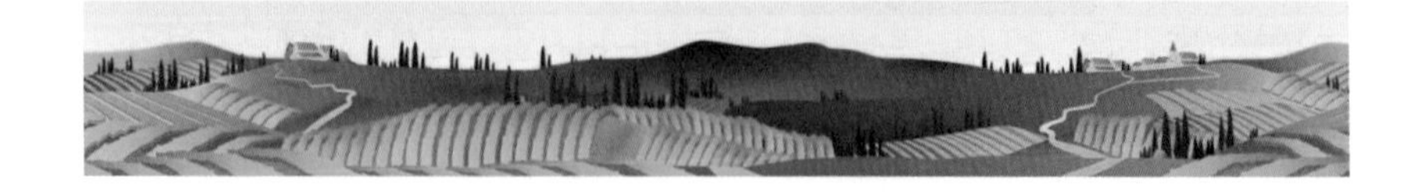

농업의 6차산업화는 2014년 「농촌 융복합산업 육성 및 지원에 관한 법률」을 제정함으로써 농정의 핵심과제로 본격 추진되어 왔다. 「농촌 융복합산업 육성 및 지원에 관한 법률」을 분석해 보면 다음과 같다.

1) 제정 목적

농촌융복합산업의 육성 및 지원에 관하여 필요한 사항을 정함으로써 농업의 고부가가치화를 위한 기반을 마련하고 농업·농촌의 발전, 농촌경제 활성화를 도모하여 농업인과 농촌주민의 소득증대 및 국민경제의 발전에 이바지함을 목적으로 한다.

농촌융복합산업을 법으로 정한 목적은 농촌융복합산업 육성에 의한 농가의 소득 증대, 농촌융복합산업 육성에 의한 농촌경제의 활성화, 농촌지역 내외의 상생협력과 건전한 농촌융복합산업 생태계 조성, 농업과 다른 산업 간의 융복합화를 통한 농촌융복합산업의 고도화, 농촌지역의 지역사회 공동체 유지·강화를 위해서다.

2) 용어 정의

「농촌 융복합산업 육성 및 지원에 관한 법률」에서 정한 농촌이란 읍·면의 지역과 그 외의 지역 중 그 지역의 농업, 농업 관련 산업, 농업인구 및 생활여건 등을 고려하여 농림축산식품부장관이 고시하는 지역을 말한다.

농업인은 농업을 경영하거나 이에 종사하는 자로서 대통령령으로 정하는 기준에 해당하는 자를 말하며, 농업경영체란 농업인과 농업법인을 말한다.

생산자단체란 농업 생산력의 증진과 농업인의 권익 보호를 위한 농업인의 자주적인 조직으로서 대통령령으로 정하는 농업법인, 소상공인, 농업 관련 사회적 기업, 농업 관련 협동조합 및 사회적 협동조합, 농업 관련 중소기업, 1인 창조기업 등을 말한다.

「농촌 융복합산업 육성 및 지원에 관한 법률」에서 농촌융복합산업이란 농업인 또는 농촌 지역에 거주하는 자가 농촌 지역의 농산물 · 자연 · 문화 등 유형 · 무형의 자원을 이용하여 식품가공 등 제조업, 유통 · 관광 등 서비스업 및 이와 관련된 재화 또는 용역을 복합적으로 결합하여 제공함으로써 부가가치를 창출하거나 높이는 산업으로서 대통령령으로 정하는 산업을 말한다.

농촌융복합산업 사업자는 농촌융복합산업을 경영하고자 제8조에 따라 인증을 받은 자를 말하며, 농촌융복합시설이란 농촌융복합산업을 경영하기 위하여 운영하는 단일 또는 다수의 시설로서 대통령령으로 정하는 시설을 말한다. 농촌융복합산업지구란 특정 지역의 농식품 관련 자원 또는 생산물 등을 집적화하거나 농촌융복합산업 사업자 간의 연계를 통하여 특화된 농촌융복합산업을 육성할 필요가 있다고 인정되는 지역으로서 제31조에 따라 지정 · 고시된 곳을 말한다.

3) 농촌융복합산업 육성 및 지원에 관한 기본계획

국가와 지방자치단체는 농촌융복합산업의 지속적인 성장을 위하여 필요한 시책을 수립 · 시행하여야 한다. 그리고 국가 및 지방자치단체는 시책을 수립할 때 농촌융복합산업 사업자의 경영 안정에 필요한 행정적 · 재정적 지원방안을 마련하여야 한다.

「농촌 융복합산업 육성 및 지원에 관한 법률」은 농촌융복합산업의 육성에 적용되는 지원 및 특례 등에 관하여 다른 법률에 우선하여 적용한다. 다만, 다른 법률에 이 법의 규제에 관한 특례보다 완화된 규정이 있으면 그 법률에서 정하는 바에 따른다.

농림축산식품부장관은 농촌융복합산업의 육성과 지원을 위하여 5년마다 농촌융복합산업 육성 및 지원에 관한 기본계획(이하 '기본계획'이라 한다)을 수립 · 시행하여야 한다. 기본계획에는 농촌융복합산업 육성 및 지원을 위한 기본목표 및 추진방향, 농촌융복합산업의 종합적인 체계 구축 및 기반 조성, 농촌융복합산업 관련 기술의 연구 · 개발 및 보급에 관한 사항, 농촌융복합산업 전문인력 육성 및 교육 · 이해증진에 관한 사항, 농촌융복합산업 생산 제품의 유통 및 판로지원에 관한 사항, 농촌융복합산업과 다른 산업 간의 연계 강화에 관한 사항, 농촌융복합산업지구의 지원에 관한 사항, 농촌융복합산업의 정보화에 관한 사항, 소규모, 여성 또는 청년 농촌융복합산업 사업자의 육성 및 지원에 관한 사항, 농촌융복합산업 생산 제품의 품질 및 안전관리 지원에 관한 사항, 그 밖에 농림축산식품부장관이 농촌융복합산업의 육성에 필요하다고 인정하는 사항 등이 포함되어야 한다.

농림축산식품부장관은 기본계획을 수립 · 변경하려는 경우에는 제15조에 따른 실태조사를 실시하여야 하며 관계 중앙행정기관의 장과 미리 협의하여야 한다. 다만, 대통령령령으로 정하는 경미한 사항을 변경하는 경우에는 그러하지 아니하다.

농림축산식품부장관은 제1항에 따라 확정된 기본계획을 농림축산식품부령으로 정하는 바에 따라 공표하고 관계 중앙행정기관의 장과 광역시장 · 특별자치시장 · 도지사 · 특별자치도 지사에게 통보하여야 한다.

시 · 도지사는 기본계획에 따라 매년 광역시 · 특별자치시 · 도 · 특별자치도의 농촌융복합산업 육성 시행계획(이하 "시 · 도계획"이라 한다)을 수립 · 시행하여야 한다. 시 · 도계획에는 지역의 농촌자원 현황, 지역의 농촌융복합산업 현황과 전망, 지역의 농촌융복합산업 육성목표, 기본방향 및 추진방안에 관한 사항, 지역의 대표 농촌융복합산업 육성계획에 관한 사항, 지역의 농촌융복합산업 육성을 위한 재원 확보 및 재원 배분에 관한 사항, 지역의 농촌융복합산업과 관련된 기관별 역할 분담에 관한 사항, 그 밖에 시·도지사가 지역 농촌융복합산업의 육성에 필요하다고 인정하는 사항 등이 포함되어야 한다.

시·도지사는 전년도 시·도계획의 추진실적과 해당 연도 시·도계획을 대통령령으로 정하는 바에 따라 매년 농림축산식품부장관에게 제출하고, 농림축산식품부장관은 시·도계획에 따른 추진실적을 평가하여야 한다.

시장·군수·자치구의 구청장은 시·도계획에 따라 매년 시·군·구 농촌융복합산업 육성 시행계획을 수립하고 이를 시·도지사에게 제출하여야 한다. 이 경우 시장·군수는 다른 법령에 따라 농업·농촌발전, 농촌경제 활성화 등을 위하여 실시하고 있는 계획 또는 사업을 종합적으로 검토하여야 한다.

4) 농촌융복합산업 사업자의 인증

농림축산식품부장관은 농업인 등의 신청을 받아 농촌융복합산업 사업자로 인증할 수 있다. 다만, 지역의 대표 농촌융복합산업 육성 등 대통령령으로 필요하다고 정하는 경우는 농업인 등을 포함하여 공동으로 신청할 수 있다.

인증을 받고자 하는 자는 농림축산식품부령으로 정하는 바에 따라 사업계획을 작성하여 농림축산식품부장관에게 제출하여야 한다.

사업계획에는 추진 사업의 명칭, 사업자의 명칭 및 주소, 사업의 기본방향 및 체계, 사업의 개요 및 세부 계획, 추진 사업의 대상 위치 및 그 면적, 추진 사업의 실시 예정 시기 및 기간, 재원 조달계획 및 연차별 투자계획, 그 밖에 농촌융복합산업 추진에 필요한 농림축산식품부령으로 정하는 사항 등이 포함되어야 한다.

농림축산식품부장관은 제출된 사업계획을 대통령령으로 정하는 바에 따라 검토하고 평가한 후 사업자 인증 여부를 통지하여야 하고, 농림축산식품부령으로 정하는 바에 따라 인증서를 발급하여야 한다.

5) 농촌융복합산업 시설

농촌융복합시설은 농촌융복합산업 사업자 중에서 대통령령으로 정하는 자가 설치할 수 있다. 농촌융복합시설을 설치하는 자는 대통령령으로 정하는 바에 따라 사업계획을 작성하여 시장·군수의 승인을 받아야 한다. 승인을 받은 사업계획 중 대통령령으로 정하는 중요한 사항을 변경하는 때에도 또한 같다.

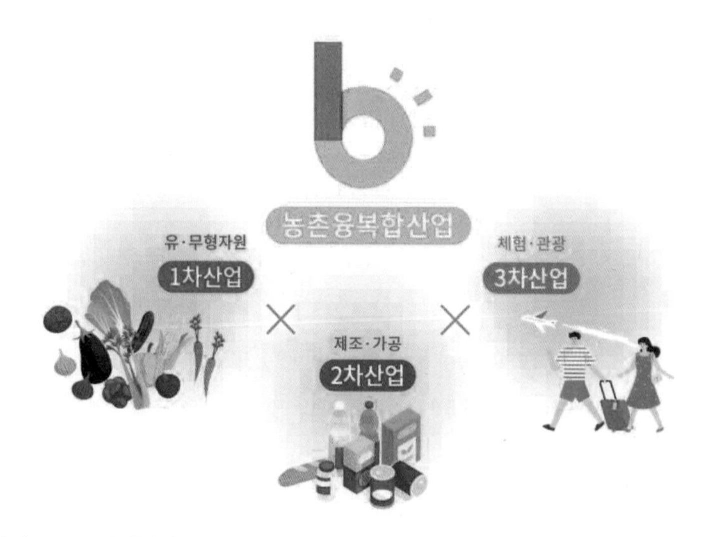

출처 : 농촌융복합지원센터

농촌융복합산업

6. 융복합산업의 유형

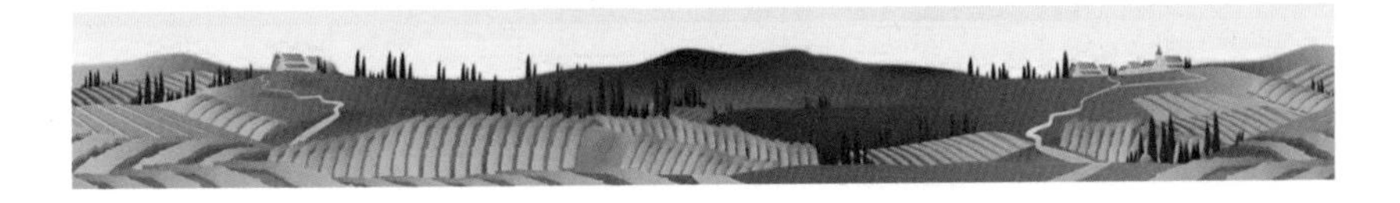

융복합산업은 유형은 크게 사업, 중심 산업, 추진 주체로 나눌 수 있다. 그에 따른 세부 유형은 다음과 같다.

1) 사업에 따른 구분

융복합산업 경영체는 1차산업의 생산을 기반으로 하여 2차 3차산업의 선순환 구조로서 복합적인 사업영역 중에서 부가가치의 창출을 주도하거나 주된 매출액을 달성하는 중심 사업의 내용에 따라 생산 중심형, 가공 중심형, 유통 중심형, 관광·체험 중심형, 외식 중심형, 치유 중심형 등 6개 유형으로 구분할 수 있다.

〈표 1-3〉 사업내용에 따른 구분

구분	신생 직업
생산 중심형	- 생산이 핵심이고 가공·서비스는 부가 사업 - 2·3차를 통한 생산 부문 활성화가 중요 * 홍성 문당리 친환경 농업마을
가공 중심형	- 소비자 요구를 반영한 가공상품 개발이 핵심 - 인터넷, 위탁판매 등 다양한 판로 확보 * 충남 서천 달고개모시마을

유통 중심형	- 생산·유통의 공간적 연계시스템 구축 - 로컬푸드 직판장 등 매장 운영 역량 * 완주 용진농협 로컬푸드 직매장
관광·체험형	- 생산·가공과정에 소비자 참여가 핵심 - 지역 내 다양한 유·무형 자원의 연계 * 전북 임실치즈마을
외식 중심형	- 생산·가공·외식이 동시에 이루어짐 - 식재료, 진정성, 맛의 스토리텔링화 * 태백 창죽 테마 영농조합
치유 중심형	- 기능성 및 약용 농산물 재배 및 가치 연계 - 원예, 심신 치료 등 관련 전문성 강화 * 인천 강화 아르미애월드

출처 : 농촌진흥청(2014), 융복합산업 유형별 사업 매뉴얼

2) 중심 산업에 따른 구분

융복합산업 경영체의 가장 중심이 되는 산업 유형에 따라 1차산업 중심, 2차산업 중심, 3차산업 중심으로 구분할 수 있다.

세분화하면 1·3차 융복합형, 2·3차 융복합형, 1·2차 융복합형, 명품·명인·명소형 등을 추가하여 구분할 수 있다.

〈표 1-4〉 중심 산업에 따른 구분

구분	신생 직업
1차산업 중심으로	양구(산채, 가공식품, 체험관광)

2·3차산업 견인	괴산(토종 산삼, 가공, 체험관광) 신안(천일염, 가공, 체험관광) 의성(참외, 부산물 재활용, 체험관광)
1·2차 융복합유형	서천(김, 명품김, 김가공) 함안(수박, 명품수박) 김제(총체보리, 한우) 영천(약초, 한방산업
1·3차 융복합유형	평창(친환경 농산물+Happy 브랜드) 화천(유기농, 축제, 체험관광) 단양(친환경 농산물, 단고을브랜드) 공주(친환경 농산물, 체험관광)
3차산업 중심으로 1·2차산업 견인	인제(농업, 레포츠, 인재양성) 영동(포도, 와인, 와인트레인, 국악) 증평(인삼, 가공식품, 인삼체험관광) 부여(밤, 가공품, 굿뜨래브랜드)
2차산업 중심으로 1·3차산업 견인	연천(콩, 장류산업, 체험관광) 순창(콩·고추, 발효식품, 체험관광) 고창(복분자, 가공식품, 체험관광) 부안(오디·뽕, 가공식품, 체험관광)
2·3차 융복합유형	홍성(토굴햄, 체험관광) 담양(대나무, 경관, 체험관광) 울릉(해양심층수, 관광)

출처 : 농촌진흥청(2014), 융복합산업 유형별 사업 매뉴얼

3) 추진 주체에 따른 구분

농업의 융복합산업형을 추진하는 활동 주체는 전업농가, 여성농업인, 고령농업인, 지자체·농협 등으로 구분할 수 있다. 이러한 추진 주체의 특성에 따라서 융복합산업형을 다음과 같이 분류할 수 있다.

① 생산자 주도형

전업농가나 젊은 영농 후계자 중심으로 진행하는 유형을 말한다. 이 유형은 농업진흥을 기준으로 하면서 판매전략의 필연적인 전개에 의해 소비자교류와 도시농촌교류에 노력한 결과 융복합산업화를 달성한다.

② 여성·고령자 주도형

농가 여성 그룹이나 고령자 등 농업에 매진하지 않는 사람들을 중심으로 진행하는 유형을 말한다. 농산물 직매소 등의 설치를 계기로 농산물 가공이나 지역 식재를 사용한 식당이나 농가 민박 등의 활동으로 발전한다.

③ 지자체·농협 주도형

지자체나 농협에서 주도적으로 추진하는 유형을 말한다. 이 유형은 지자체나 농협이 가진 인프라를 최대한 이용하여, 지자체의 경우에는 행정적인 지원과 체계적인 컨설팅이 이루어지고, 농협의 경우에는 농협이 가지고 있는 다양한 인프라를 이용해서 성공에 이른다.

7. 농촌융복합 사업자 인증제도

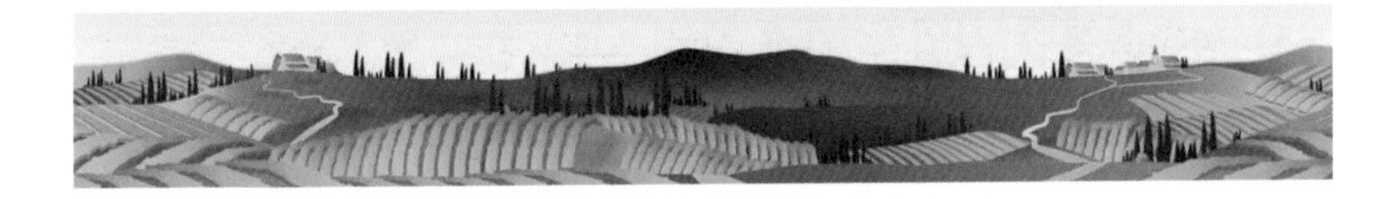

농림축산식품부는 2014년에 제정한 「농촌융복합산업 육성 및 지원에 관한 법률」에 근거하여 융복합산업으로 성장 가능성이 있는 농업인, 농업법인 등 경영체를 농촌 융복합산업 사업자로 육성하고자 6차산업 사업자 인증제도를 도입, 운영하고 있다.

1) 농촌융복합 사업자 인증제도의 목적

농촌융복합 사업자 인증제도의 주요 골자는 농업의 융복합산업화 확산을 통한 미래성장산업 육성을 비전으로 인증사업자의 매출액 매년 8% 이상 증가를 목표로 사업자에 대한 체계적 지원과 관리를 추진하기 위한 것이다.

2) 농촌융복합 사업자 인증 방법

농촌융복합 사업자 인증받기 위해서는 융복합산업화 경영체 중 수시로 사업계획서를 작성하여 관할 지역 내 융복합산업화 지원센터에 제출하여야 한다. 접수된 서류를 바탕으로 전문가로 구성된 평가단이 자격요건, 사업계획서 등을 종합적으로 평가하여 선정한다. 융복합산업 지원센터에서 선정한 결과를 시·도에 제출하고, 시·도에서 최종 검토 후 농식품부로 제출하여 '농촌융합산업 사업자 인증서'가 발급된다.

3) 농촌융복합 사업자 인증 기간

인증 기간은 인증받은 날로부터 3년간 유효이며, 3년마다 자격요건을 검증한다. 만약 유효기간 내에 사업계획이 변경되거나 유효기간이 끝난 후 계속해서 인증을 유지하고자 할 경우 인증 갱신신청을 한다.

4) 농촌융복합 사업자 자격 요건

자격요건은 농업인, 농업법인, 농업 관련 생산자단체, 소상공인, 사회적 기업, 협동조합 및 사회적 협동조합, 중소기업, 1인 창조기업 등이 지원 가능하다.

5) 농촌융복합 인증사업자 혜택

선정된 사업자가 받을 수 있는 혜택은 다음과 같다.

① 지원사업 선정 시 우대 및 가점이 부여된다.

② 융복합산업화 융자자금, 전문 펀드 조성 등을 통해 사업자금의 지원을 받을 수 있다.

③ 신제품 개발, 사업화 등에 대한 컨설팅 지원 및 농산물종합가공센터를 통해 신제품 생산, 보육, 교육 등의 지원을 받을 수 있다.

④ 유통·판로에 관하여 소비자 판촉전, 유통전문가 초청 품평회, 유통패널 입점, 수출 컨설팅 등을 통해 판매 확대 지원받을 수 있다.

⑤ 융복합산업 우수제품 및 성공사례 홍보물을 제작 및 배포, 6차산업 공식사이트(www.6차산업com)를 통해 정보제공 및 홍보된다.

⑥ 인증사업자의 사업장 및 제품에 '융복합산업 BI' 및 '융복합산업 제품 BI' 표시를 할 수 있다.

⑦ 향토 음식 육성사업, 농촌지원 복합산업화사업 등 융복합산업 관련 지원사업에 인증사업자 참여시 우대받을 수 있으며, 6차산업 경영실적이 높고, 사업계획의 목표를 달성한 사업자는 우수사업자로 선정되어 포상의 기회가 주어진다.

6) 6차산업 인증사업자 등록 현황

2022년 현재 〈표 1-5〉와 같이 인증사업자가 등록되어 있다.

〈표 1-5〉 전국 6차산업 사업자 인증 현황

년도	경기	강원	충북	충남	전북	전남	경북	경남	제주	대전	세종	인천	울산	대구	광주	계
2014	50	34	31	27	60	57	51	37	24	4	2	1	1	0	0	379
2017	136	131	102	94	184	174	142	116	73	4	16	10	4	2	1	1,188
2019	167	148	102	156	238	214	184	136	98	0	22	16	7	2	2	1,492
2020	29	19	20	24	71	64	29	41	21	0	7	6	5	1	0	337
2021	26	19	13	23	21	55	42	18	17	0	5	4	3	2	0	248

자료: 6차산업 홈페이지

8. 융복합산업 관련 지원사업

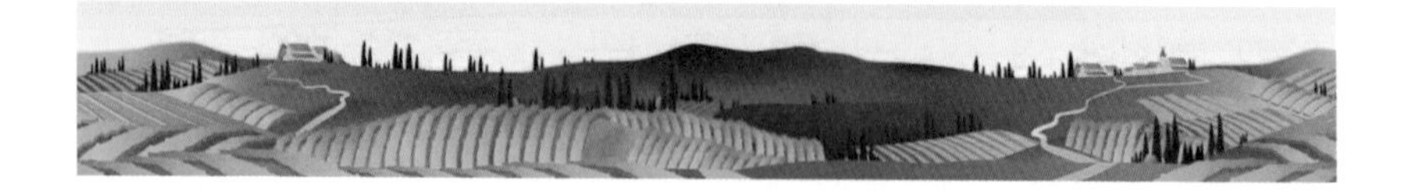

우리나라에서는 융복합산업화를 활성화하기 위해서 정부 부처들이 다양한 지원사업을 진행하고 있다. 가장 많은 지원사업을 하는 부서는 농림축산식품부이며, 이외에도 산림청, 농촌진흥청, 한국농산물유통공사, 한국농어촌공사 등에서도 지원사업을 추진하고 있다.

주요 사업의 내용을 정리하면 다음 〈표 1-6〉과 같다.

〈표 1-6〉 한국 융복합산업화 관련 지원사업

구분	지원 내용	담당부서
임산물 유통지원	국고, 지방 보조금 지원	산림청
산촌미리살아보기시범사업	사업계획에 따른 지원	
유아·청소년을 위한 산림교육시설 조성	유아 숲 체험원 조성 및 등록	
지역 전략 식품산업 육성사업	브랜드 개발 및 관리, 홍보 마케팅	농림축산 식품부
향토산업 육성사업	제품 판매시설 및 체험 시설 구축, 기술개발, 홍보 마케팅, 브랜드 개발	
농촌지원복합산업화 지원사업	농촌자원의 생산·유통·제조·체험·전시 기반 구축	
기능성 양잠산물 종합 단지 조성사업	전시·판매·체험 시설 정비	

농촌관광 휴양자원 개발사업-관광농원	시설설치 등 관광농원 운영 자금	
농어촌 관광 휴양자원 개발사업-농어촌민박	시설자금, 개수·보수자금, 개축 비용	
농어촌 체험· 휴양마을사업	시설신축, 체험 프로그램 개발, 개보수, 경관 조성 등	
지역농업특성화사업	특화품목 육성, 지역협의회 구성 운영, 컨설팅	농촌 진흥청
농업인 소규모 창업기술 시범사업	기반조성, 컨설팅, 우수지역 벤치마킹	
향토 음식 지원화 (농가 맛집)시범사업	컨설팅, 위생교육, 판매촉진, 홈페이지 운영, 지속적 개발지원	
농촌교육농장	학교 교육 연계, 교재 제작, 장비설치, 컨설팅	
농산물산지 유통시설 지원사업	집화·선별·포장·출하를 위한 시설 정비, 마케팅	한국농산물유통공사
도농교류 협력사업	농촌체험 활동 관련 글짓기대회, 식생활 교육 운영을 위한 지원금	한국 농어촌 공사
관광열차 연계 전통식품 체험여행	체험객 이동 교통비 및 체험비용 일부 지원	
찾아가는 양조장	80%까지 지원	
농촌체험관광 정보제공	대형 포털 및 콘텐츠사 정보연계 등 마케팅 지원	

9. 융복합산업화의 평가 방법

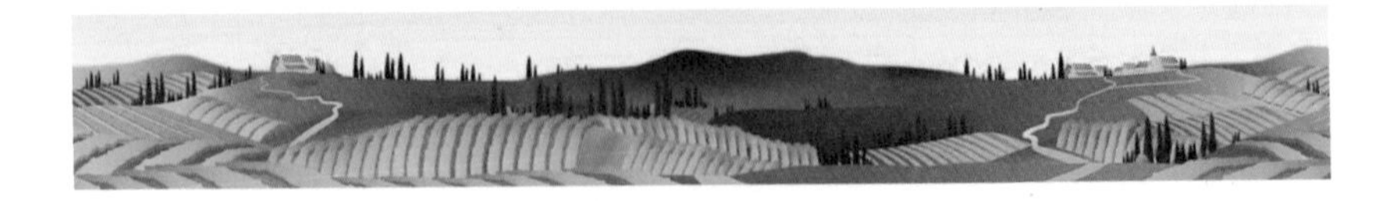

융복합산업이 성공하기 위해서는 평가가 필요하다. 평가를 통해서 사업의 목표에 도달했는지를 확인할 수도 있지만, 부족한 부분을 보완하여 성공에 도달할 수 있는 근거를 주기 때문이다.

일반적으로 사업 평가는 매출액이나 수익률 등 경제적 측면에서의 평가를 하지만, 융복합산업화에서는 지역사회의 과제 해결, 주민참여 유도, 지역자원 관리 등 사회적 측면에서의 평가 등이 포함되어야 한다. 융복합산업이 성공하기 위해서는 다음과 같은 평가척도를 가지고 해야 한다.

1) 계획의 충실도

융복합산업화가 성공하기 위해서는 사업계획을 수립하는 과정에서 철저한 준비와 계획수립이 필요하다. 사업계획을 수립하기 위해서는 지역의 공통과제를 파악한 후 비전을 제시하고, 이를 실현하기 위한 전략을 객관적이고 지역 실정에 맞게 설정되어야 한다.

따라서 계획의 충실도에서는 지역 과제에 대한 정확한 인지 여부, 사업 목표의 명확도, SWOT분석, 사업 전략의 적절성, 법인화 여부를 평가해야 한다.

2) 참여도

융복합산업화는 지역주민의 자발적인 참여가 중요하기 때문에 사업에 참여하는 참여자의 참여도가 사업의 지속성 유지와 성공의 중요한 척도가 된다. 따라서 사업에 참여하는 참여자 수와 참여 비율, 참여자의 적극성, 고령자 참가율, 여성 참가율 등을 평가해야 한다.

3) 지역자원의 활용도

지역자원은 사업이 성공하기 위해서 필요한 재화나 용역을 말한다. 지역에 존재하는 자원으로는 인력, 생산품, 사업 자금 조달, 지역의 자연 자원, 시설 자원, 유휴시설, 지역의 전통문화, 하려는 사업에 대한 정보 등이 있다.

이들 중에는 현재 활용되는 것도 있고, 나중에 사용할 잠재적 자원도 있다. 이러한 자원들이 가진 장점을 발굴하여 조합함으로써 새로운 지역 가치를 창출할 수 있다. 따라서 인력의 질, 생산품의 질, 사업자금 조달 능력, 지역의 자연자원 활용, 시설자원 활용, 유휴시설 활용, 지역의 전통문화 활용, 하려는 사업에 대한 정보의 습득량을 평가해야 한다.

4) 경영 성과

아무리 좋은 상품과 좋은 자원들이 있다고 해도 경영을 잘못하면 실패할 수밖에 없다. 따라서 융복합산업화가 성공하기 위해서는 추진하는 사업에 대한 경영 성과를 평가해야 한다.

경영 성과에 대해서는 일정한 기간이 지난 시점에서 정한 목표에 얼마나 도달했는지, 수익은 얼마나 발생했는지, 참여자들의 만족하는 일자리가 얼마나 생겼는지를 평가한다.

5) 지역주민과 참여자의 만족도

아무리 사업이 잘 진행되고 있다고 해도 지역주민과 참여자의 만족도가 낮다면 사업을 수정해야 한다.

따라서 융복합산업화가 성공하기 위해서는 지역주민들과 참여자들의 사업에 대한 만족도를 평가하고, 사업 전보다 지역주민의 만족도와 공동체 의식 함양 정도를 평가해야 한다.

제2장

융복합산업의 필요성

1. 농촌 인구의 감소

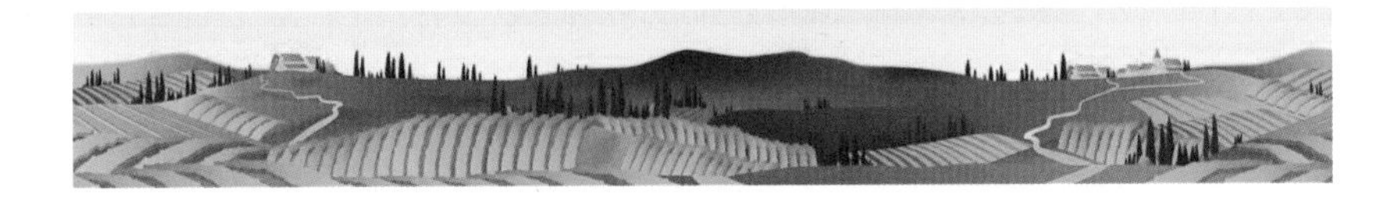

우리나라는 빠르게 도시화로 인한 이촌향도 현상이 발생하여 농업인구가 급속하게 감소하고 있다. 농촌 인구의 감소는 농촌에 심각하고 다양한 문제를 일으킨다.

통계청에서 실시하는 '농림어업총조사'를 보면 농업 종사 인구(농가 인구, 농부) 수는 1970년에는 1,442만 명에 이르던 것이 2022년에는 223만 명으로 줄어들었다. 뿐만 아니라 농가 인구 비율은 1970년 44.7%로 거의 절반이 농업인구였던 것이 2022년에는 4.3%로 인구 100명 중 농업인구는 4명이라는 의미다.

<표 2-1> 농가 인구 비율

구분	1970년	1980년	1990년	2000년	2010년	2015년	2022년
인구 (만명)	1,442	1,082	666	403	306	256	223
농가인구비율 (%)	44.7	28.4	15.5	8.6	6.4	5.1	4.3

출처 : 통계청 자료

농업인구의 감소 폭은 2000년 16.9% 이후 2005년 10.8%, 2010년 10.8%, 2015년에는 16.1%로 그 폭을 줄여오다가 2022년에는 전년 대비 1.7% 줄어들면서 지속적인 농업인구가 감소하고 있다.

어업종사 인구의 숫자는 농업보다 더 큰 폭으로 줄고 있다. 어업인구는 2015년에 12만 9천 명으로 2000년에 비하여 4만 3천 명이 줄어 어업인구의 비율은 24.9%나 줄었다. 어업인구는 100명당 0.3명으로 구성되어 있다.

지난 5년 새 농가인구 감소 폭이 대폭 커진 이유에 대해서 통계청은 인구 고령화로 인하여 농업에 종사하는 인구가 감소하고 있으며, 농지에 택지 조성을 하게 되면서 자연스럽게 전업하게 된 것으로 풀이했다. 따라서 농가인구의 고령화로 인하여 농가 인구는 지속적으로 감소할 것으로 예측하고 있다. 농업인구의 감소는 생산량 감소로 인하여 농가소득이 감소하게 되며, 이는 농촌을 떠나게 하는 연쇄반응을 가져올 것으로 예측할 수 있다.

농어업 인구의 감소를 멈추게 하기 위해서 가장 좋은 것은 융복합산업의 적용이다. 융복합산업을 통하여 생산물의 가치를 증가시키게 되면 수입의 증가로 오히려 도시인들에게 귀농 귀촌을 증가하게 하는 요인이 될 수 있다.

2. 농촌 인구의 고령화

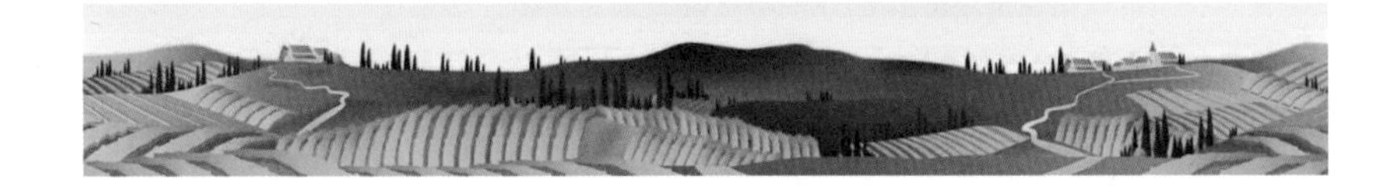

우리나라는 출산률이 급격하게 줄어가면서 고령화가 심각해지고 있다. 문제는 농촌의 고령화는 더욱 심각해지고 있다는 것이다. 농촌 인구의 고령화는 농촌에 심각하고 다양한 문제를 일으킨다.

통계청의 자료를 보면 우리나라 65세 이상의 고령인구가 1980년에는 146만 명으로 전체 인구 중에서 고령인구가 차지하는 비중은 100명당 3.8명이었다. 그리고 2010년에는 536만 명으로 전체 인구 중에서 고령인구가 차지하는 비중은 100명당 11.0명이었다. 2026년에는 1,021만 명으로 전체 인구 중에서 고령인구가 차지하는 비중은 100명당 20.8명으로 증가하여 고령화는 더욱 심각해질 것으로 예측되고 있다.

<표 2-2> 고령화 비율

구분	1980년	1990년	2000년	2010년	2026년
65세 이상 인구(천명)	1,456	2,195	3,395	5,357	10,218
고령화 비율(%)	3.8	5.1	7.2	11.0	20.8

출처 : 통계청 자료

문제는 농촌의 고령인구 비율은 더 빠르게 증가하고 있다는 것이다. 1995년에는 65세 이상의 고령인구가 전체 농업인구의 16.2%에 불과하던 것이

2018년에는 전체 농업인구의 41%에 달하였으며, 2025년에는 거의 절반인 47.7%에 이를 것으로 예측하고 있다.

농촌 인구의 고령화에 따라 60세 이상의 농가 경영주는 57%로 절반이 훨씬 넘는 농가를 노인들이 운영하고 있는 실정이다. 이처럼 농촌의 인구가 급격히 늙어가고 있어 문제가 심각해지고 있다.

사람은 나이가 들수록 건강이 나빠지기 때문에 70세가 넘으면 농사 일을 하는 데 신체적인 어려움을 겪는다. 실제로 농촌 노인들은 각종 만성 질환에 시달리면서도 인력 부족으로 어쩔 수 없이 농사 일을 하는 경우가 대부분이기 때문에 문제가 매우 심각하다고 할 수 있다.

한국보건사회연구원의 조사에 의하면 농촌 거주 노인인구 중 관절염, 요통, 고혈압 등 만성 질환을 적어도 한 가지 이상 앓고 있는 노인들이 많다는 것이다. 농업은 육체적인 노동이 대부분이기 때문에 건강이 좋지 못하거나, 신체적으로 쇠약해지면 농업에 종사할 수 없게 된다. 결국 농촌 인구의 고령화는 생산성 감소로 인하여 농업에 종사하기가 어려워지므로 농업으로 인한 수입이 줄어들게 된다. 문제는 갈수록 농촌에는 노인들이 증가하게 됨에 따라 생산성 감소도 증가할 것이기 때문이다.

따라서 고령화로 인한 생산성 감소 문제를 해결하기 위해서 가장 좋은 것은 융복합산업의 적용이다. 융복합산업을 통하여 생산물의 가치를 증가시키게 되면 수입의 증가로 생산성은 줄어도 가치가 높아지면 수입의 변화가 생기거나, 증가할 수 있다.

3. 농촌 소득의 양극화

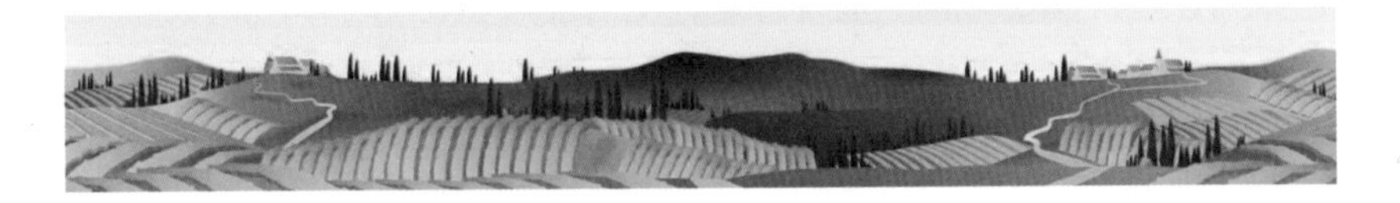

우리나라는 도시·농촌 모두 소득이 증가하고는 있지만, 도시·공업 부문의 고도성장에 의해 도농간 격차가 확대되고 있다. 더 나아가 농촌 소득의 양극화는 농촌에 심각하고 다양한 문제를 일으킨다.

우리나라 농업은 경지구획정리, 농업작물 다각화를 통해 지속적인 성장을 이루고 있으나 세계무역기구(WTO) 출범과 2012년 한·미 FTA의 발효 등으로 농업 분야의 국제경쟁력이 강조되는 시점이다. 이와 같은 대외 경제환경 변화는 농림수산업의 경우 1차 상품의 단순한 생산 판매만으로는 존립에 한계가 있을 수밖에 없다.

특히 1990년대 중국 등 다국적 국가로부터 농수산물의 수입이 급증하면서 국내 수요에 의존해 오던 농수산물은 국내 시장에서 수입품과 심한 경쟁을 하면서 가격경쟁력 약화로 어려움에 직면하고 있다.

우리나라에서도 도시 근로자들의 임금은 상승해서 소득이 증가하고 있는데 반하여, 농촌에서는 농산물에만 의존해야 하기 때문에 당연히 수입이 한정적이며, 그나마 과잉생산이 되면 생산에 들어가는 비용도 제대로 건지기 어려운 경우도 생긴다. 이로 인하여 도시와 농촌 간에 소득 격차가 갈수록 심화되고 있다.

농촌 안에서도 농촌에서 젊은 농부들은 기업형 농업을 하거나, 새로운 품종의 개발, 특산물을 재배하면서 수입이 증가하고 있는 농부도 생겨났다. 반면에 농촌이 고령화되면서 노인들의 생산성이 떨어짐에 따라 소득이 감소하여 농촌에서도 소득의 격차가 발생하고 있다.

농가의 소득 문제는 농업경영을 위축시켜 농업생산의 축소를 초래하여 자급률이 하락하는 것은 물론이고 지역경제가 쇠퇴하는 요인으로도 작용한다.

4. 산업의 변화

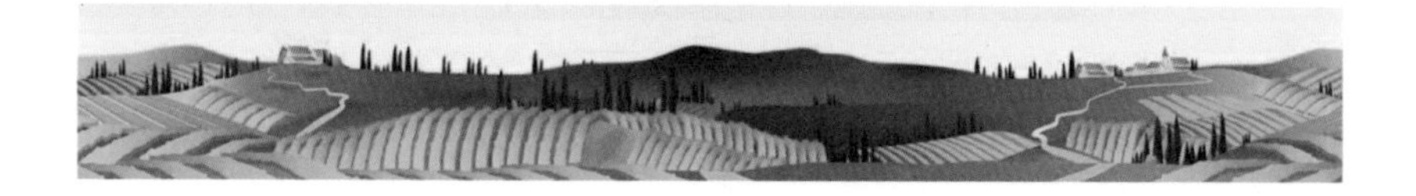

산업의 시대 발달에 따라 1차 산업인 농업도 지속적인 발전을 하기 위해서는 융복합산업을 활성화를 해야 한다. 뿐만 아니라 지금보다 더 나은 성장을 위해서는 융복합산업도 농업에 도움이 될 수 있는 것이 있다면 융합해야 한다.

우리나라의 산업의 변천사를 보면 1960년대에는 경공업, 농업, 어업, 임업이 중심 산업이었으며, 섬유·합판·신발 공장 기능공과 기술자, 스튜어디스, 탤런트, 전자 제품 조립원 등의 새로운 직업이 생겨났다.

1970년대에는 수출, 중화학공업이 중심 산업이었으며, 국외 건설 근로자, 중장비 엔지니어링, 토목·설계 기술자, 기계·전자 공학 전문가 등의 새로운 직업이 생겨났다.

1980년대에는 중화학공업, 산업 고도화가 중심 산업이었으며, 금융계 종사자, 운동선수, 광고 전문가, 선진유통 종사자, 공인중개사, 텔레마케터 등의 새로운 직업이 생겨났다.

1990년대에는 정보통신, 금융전문사업이 중심 산업이었으며, 선물거래사, 기업신용평가사, 웹마스터, 연예인 코디네이터, 멀티미디어 관련업 등의 새로운 직업이 생겨났다.

2000년대에는 정보통신, 인터넷 등 지식기반경제가 중심 산업이었으며, 인터넷솔루션 전문가, 국제회의전문가, 금융자산관리사 등의 새로운 직업이 생겨났다.

2010년대에는 교육, 의료, 여행, 취미 관련업이 중심 산업이며, 원격교육 전문가, 의료관광 기획가, 여행기획가, 웹어프리케이션 제작자 등의 새로운 직업이 생겨났다.

2020년대에는 가공, 기능, 로봇, 전기차 관련업이 중심 산업이 될 것이며, 로봇전문가, 자율주행 전문가, 사물인터넷 전문가, 빅데이터 전문가, 가상현실 전문가, 기능향상가, 가공기술자 등의 새로운 직업이 생겨날 것이다.

〈표 2-3〉 우리나라 산업의 변천사

구분	중심 산업	신생 직업
1960년대	경공업·농·어·임업	섬유·합판·신발 공장 기능공과 기술자, 스튜어디스, 탤런트, 전자 제품 조립원
1970년대	수출·중화학 공업	국외 건설 근로자, 중장비 엔지니어링, 토목·설계 기술자, 기계·전자 공학 전문가
1980년대	중화학 공업 산업 고도화	금융계 종사자, 운동 선수, 광고 전문가, 선진 유통 종사자, 텔레 마케터
1990년대	정보통신, 금융, 전문사업	선물 거래사, 기업 신용 평가사, 웹마스터, 연예인, 멀티미디어 관련업
2000년대	정보통신 등 지식 기반 사업	유통관리사, 인터넷솔루션 전문가, 국제회의전문가, 금융자산관리사
2010년대	교육, 의료, 여행, 취미 관련 업	원격교육전문가, 의료관광 기획가, 여행기획가, 웹어프리케이션 제작자
2020년대	가공, 기능, 로봇, 자율주행	가상현실 전문가, 기능향상가, 가공기술자

출처 : 전도근(2017). 전직 지원의 이론과 실제. 교육과학사

오늘날 농업은 과거 1차산업 중심에서 벗어나 2차산업인 종자 산업, 농자재 산업, 가공식품을 포함한 식품산업과 나아가 문화·서비스업 등 3차산업으로 영역을 확장하고 있다.

경제성장에 따라 식품 소비 패턴이 고급화 및 다양화되고, 편리성을 추구하면서 이를 소비하는 소비자 패턴이 급격하게 변화하고 있는 것이다.

따라서 제1차 산업인 농업이 생존과 지속적인 성장을 위해서는 이러한 세상의 변화에 적극적으로 대처해야 한다. 이를 해결하기 위해서는 농업에 6차 산업화를 통한 산업의 고도화와 융복합화를 이루어야 한다.

5. 인구소멸 위기 대응

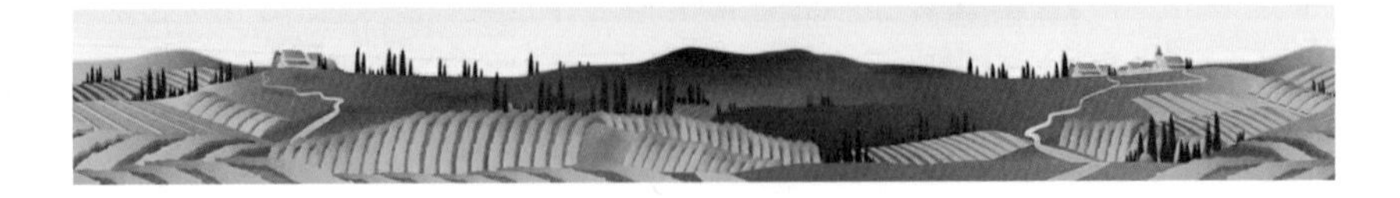

행정안전부에서는 전국을 대상으로 5년간의 인구증감률 변화를 통해 인구감소 지속성과 최근 인구감소 추세를 판단하고, 지역의 인구 활력 및 행정수요를 반영하여 인구소멸 가능성이 있는 인구감소지역을 다음과 같이 지정하였다.

<표 2-2> 인구감소 지역(89개)

구분	지역
부산(3)	동구, 서구, 영도구
대구(2)	남구, 서구
인천(2)	강화군, 옹진군
경기(2)	가평군, 연천군
강원(12)	고성군, 삼척시, 양구군, 양양군, 영월군, 정선군, 철원군, 태백시, 평창군, 홍천군, 화천군, 횡성군
충북(6)	괴산군, 단양군, 보은군, 영동군, 옥천군, 제천시
충남(9)	공주시, 금산군, 논산시, 보령시, 부여군, 서천군, 예산군, 청양군, 태안군
전북(10)	고창군, 김제시, 남원시, 무주군, 부안군, 순창군, 임실군, 장수군, 정읍시, 진안군

전남(16)	강진군, 고흥군, 곡성군, 구례군, 담양군, 보성군, 신안군, 영광군, 영암군, 완도군, 장성군, 장흥군, 진도군, 함평군, 해남군, 화순군
경북(16)	고령군, 군위군, 문경시, 봉화군, 상주시, 성주군, 안동시, 영덕군, 영양군, 영주시, 영천시, 울릉군, 울진군, 의성군, 청도군, 청송군
경남(11)	거창군, 고성군, 남해군, 밀양시, 산청군, 의령군, 창녕군, 하동군, 함안군, 함양군, 합천군

출처 : 행정안전부 홈페이지 자료

인구감소 관심 지역으로는 대전 동구, 인천 동구, 부산 중구, 부산 금정구, 광주 동구, 경남 통영시, 강원 강릉시, 강원 동해시, 대전 중구, 경북 경주시, 경남 사천시, 경북 김천시, 대전 대덕구, 강원 인제군, 전북 익산시, 경기 동두천시, 강원 속초시, 경기 포천시 등 18개가 지정되었다.

인구소멸 지역으로 지정받은 89개 지역 중 도시를 제외한 농업을 중심으로 하는 지역은 84곳이지만 점차 대도시로 확산되고 있다.

전라남도에는 총 22개의 도시가 있는데 그중 16개의 도시에서 인구감소가 심각하다. 전라남도는 65세 이상의 고령인구 비율이 22.4%로 전국에서 가장 높은 지역이며 이 중 15개의 도시는 초고령 사회의 기준인 20%를 훌쩍 넘기고 있다. 그 중 고흥이 38.9%로 가장 많은 고령인구가 살면서 가장 인구감소가 빠르며, 강진군과 구례군 등도 인구감소가 빠르게 나타나고 있다.

경상북도에는 19개의 도시가 있으며, 구미시, 경산시, 김천시, 예천군을 제외한 16개 도시가 인구소멸위험 지역이다. 경상북도의 총인구는 262만 명으로 10년간 7만 명이나 인구가 감소하였다. 이 중에서도 군위군, 의성군,

청송군은 인구소멸지역 고위험군으로 분류되고 있다.

강원도에는 18개의 도시 중 춘천시, 원주시, 속초시를 제외한 12개 도시에서 인구감소가 빠르게 진행되어 인구소멸지역 고위험군이다.

경상남도는 18개의 도시 중 12개의 도시가 인구소멸 위험지역이다. 창원시를 비롯한 김해시와 통영시 등의 제조업 기반의 도시를 제외하고 군단위는 빠르게 인구감소가 진행되고 있다.

전라북도는 13개의 도시 중 전주시, 익산시, 군산시를 제외한 10개의 도시가 소멸위험 지역으로 분류가 되었다. 2020년에는 전라북도의 인구가 최초로 180만 명 밑으로 내려가면서 현재도 계속적으로 하락하고 있는 상태다.

충청남도는 15개의 도시 중 9개의 도시가 인구소멸 위험지역이다. 세종시의 인구 유입세는 뚜렷하나 특히 서천군, 청양군, 부여군 등은 인구감소가 빠르게 일어나고 있다.

충청북도는 11개의 도시 중 6개의 도시가 인구소멸 위험지역이다. 충청북도의 전체 인구는 156만 명인데 이 중 84만 명이 현재 청주로 집중이 되어 있어 청주 의존도가 너무 높은 지역으로 인구소멸 위험지역은 이미 초고령 사회에 진입하였다.

경기도는 총 31개의 도시 중 가평군과 연천군을 제외하고는 인구소멸 위험지역은 아직은 없는 상태다.

제3장

융복합산업의 기본원리

1. 공동사업화

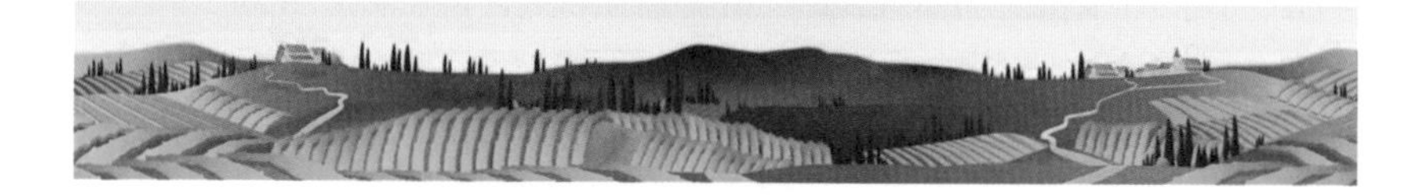

융복합산업화를 성공적으로 운영하려면 기본 원리에 충실해야 한다. 융복합산업화에서 가장 중요한 원리는 공동사업화다. 공동사업화는 다양한 이해관계자들 간의 협력과 연합을 통해 새로운 사업을 추진하고 구체화하는 과정을 말한다. 이는 여러 개인, 기업, 기관 등이 함께 모여 자원, 노력, 경험을 공유하고 상호 협력하여 혁신적인 제품, 서비스, 기술을 개발하고 시장에 출시하는 것을 목표로 한다.

"혼자 하면 빨리할 수는 있지만, 같이하면 오래할 수 있다"라는 말이 있다. 특히 6차산업화에서는 생산, 가공, 체험 등 여러 가지 사업이 혼합되어 있기

때문에 혼자의 힘만으로는 하기 어려운 일이 많다. 따라서 처음으로 6차산업화를 하기 위해서는 이해 관련자 간에 자신이 가지고 있는 장점과 특기를 살릴 수 있도록 힘을 합해서 공동으로 추진하여 효율성을 높이는 것이다.

따라서 6차산업을 위한 공동사업화는 생산, 가공, 체험 등 다양한 분야에서 이루어질 수 있기 때문에 협력하는 이해 관계자들의 장점을 최대한 활용하여 서로 간의 역할과 책임, 자본 기여 등을 협의하고 계획하면 성공적인 6차산업을 실천할 수 있다. 예를 들면 참여자들의 특성을 살려서 생산에 사용되는 원료 구매, 재배, 생산, 마케팅, 영업, 홍보, 판매, 체험, 교육, 스토리텔링, 서비스 제공 등을 공동으로 하게 되면 생산비를 줄이거나 효율성이 높아지게 되어 원가를 절감하게 되고, 수익률이 높아진다.

공동사업화를 통하여 6차산업이 어느 정도 안정적인 단계로 진입하여 성장기에 들어서 전문적인 경영이 필요할 때는 6차산업의 일부를 분리시켜 산하기관으로 두거나, 업무를 자신의 적성에 맞도록 분업화, 전문화 시키면 규모의 효과를 얻을 수 있다.

2. 사업 다각화

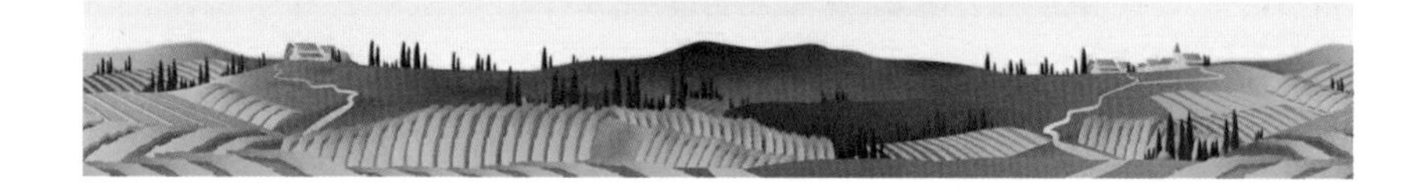

6차산업화는 1차산업인 생산, 2차산업인 가공, 3차산업인 놀이와 체험을 포괄하는 사업으로 하나의 자원을 하나의 사업에만 활용하는 것이 아니라, 여러 가지 사업에 다양하게 활용해야 수입을 증대할 수 있게 된다.

예를 들어 6차산업화는 생산된 농산물을 판매만 하는 것이 아니라 가공해서 가치를 높여서 판매하거나, 농가식당을 만들어 식자재로 활용하여 음식을 만들어 팔면 훨씬 소득이 증가하게 된다. 그리고 체험 프로그램을 운영하여, 찾아온 고객들에게 농촌 체험관광을 제공하거나, 직매장 운영을 통한 생산품 판매, 농가민박 등의 서비스를 제공 운영하는 것이다.

이처럼 6차산업화가 성공하기 위해서는 1차, 2차, 3차산업이 상호 연계할 수 있도록, 생산물을 다각적으로 활용해서 사업을 다각화해야 한다. 그리고 이미 6차산업화를 성공적으로 시행한 업체들도 사업이 단순하여 소비자의 기호의 변화와 시장의 변화에 따라가지 못해서 중도에 멈춘 곳들이 많다. 따라서 6차산업화의 지속적인 성공을 위해서는 소비자의 기호의 변화와 시장의 변화에 따라 사업의 다각화를 추진해야만 한다.

전북 익산시에 있는 고스락은 원래는 유기농 간장과 고추장을 생산하는 곳이지만, 고스락에서는 이화동산이라는 한식당을 운영하여 고스락에서 생산되는 장류를 사용하여 음식을 판매하고 있다. 이와 함께 4,000여 개의 전통 항아리들이 모여 있는 멋진 장독 정원을 테마별로 꾸며 익산을 찾는 관광객들에게 중요한 관광자원이 되었다. 고스락에서는 관광객들을 위하여 카페를 만들고, 직판장을 운영하고 있으며, 지속적으로 관광객에게 볼거리와 즐길거리 먹거리를 만들어서 제공하고 있어 익산을 대표하는 관광지가 되어 많은 관광객들이 방문하고 있다.

익산의 고스락

3. 생산물의 차별화

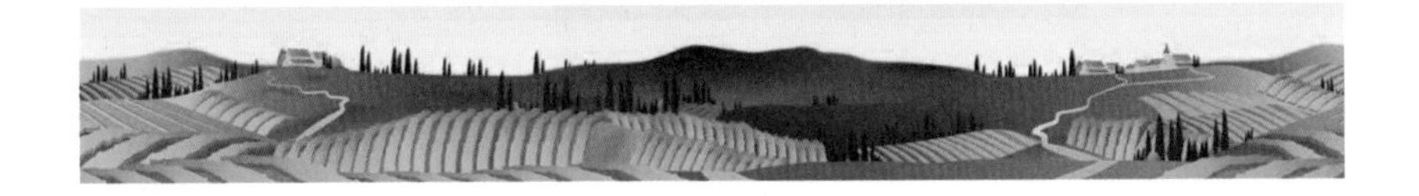

융복합산업화가 성공하기 위해서는 먼저 1차산업으로 생산된 농산물의 질이 다른 지역에서 생산되는 똑 같은 생산물보다 아주 좋거나 차별화가 있어야 한다. 다른 지역에서도 볼 수 있는 농산물을 생산하거나 가공해서는 소비자의 주목받기가 어려울뿐더러 잠시는 만족감을 줄 수 있을지는 몰라도 오래 가기는 어렵다.

따라서 다른 지역에서 생산되는 생산물과는 다른 생산방법으로 해야 하며, 생산물의 질이 아주 좋거나 차별화가 있어야 한다. 그리고 생산물로 만든 가공품 또한 다른 지역에서 생산되는 똑 같은 농산물에 비해서 차별화하거나 독특한 상품일수록 소비자의 관심을 받게 된다.

예를 들어 유기농으로 생산된 농산물, 인삼을 먹고 자란 토종닭, 황토에서 키운 닭에게서 생산된 달걀, 한라산의 맑은 물로 만든 삼다수와 같이 기존의 생산된 농산물보다는 무엇인가 특이하거나, 질이 좋아야 홍보 효과가 높아지고 판매가 증가하게 된다.

실례로 일본의 사각형 수박은 시코쿠의 농가에 의해 만들어졌다. 수박은 크고 둥글기 때문에 많은 공간을 차지하기도 하지만 굴러 떨어져 파손되기 쉽기 때문에 형태를 사각형으로 만들어 보관이 용이하도록 하였다. 사각 수박은 성장 단계에서 유리 상자 안에 넣어 키운다. 유리 상자 안에서 자란 수박은 함유된 설탕의 일부가 손실되어 일반 수박에 비해 저장 수명이 길어 장식용 제품으로 사용하기 시작하였다.

사각형 수박의 가격은 모양에 따라 가격이 다르지만, 평균은 13,000엔으로 우리나라에서 생산되는 동그란 수박보다 10배 이상 가격이 비싸게 팔리고 있다. 사각형 수박은 희소성의 가치가 커서 도쿄와 오사카의 시장과 슈퍼마켓에서 비싼 가격으로 판매되고 있다.

수박은 과일의 형태를 바꾸기 쉽기 때문에 최근에는 삼각형 수박, 하트형 수박, 사람의 머리 행태 등 다양한 형태가 일본에서 출시되고 있다. 특히 하트 모양의 수박은 밸런타인데이, 어머니의 날에 2,000엔 이상 비싼 가격에 판매되지만, 금방 재고가 바닥이 날 정도로 인기가 많다.

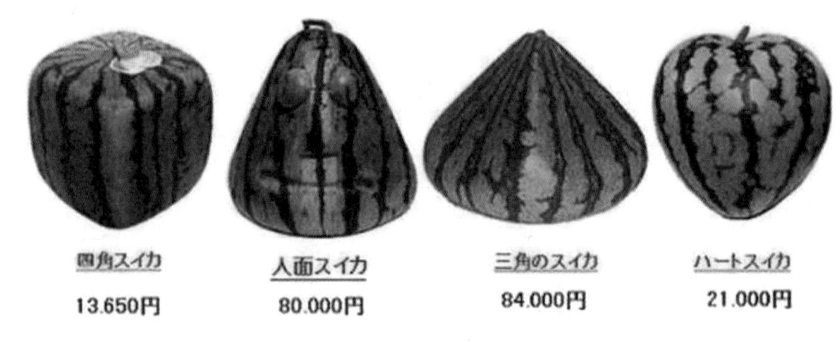

일본의 차별화된 수박

4. 스토리텔링

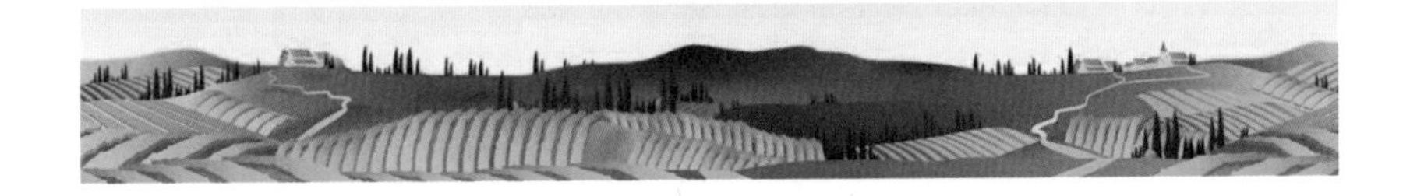

생산물을 판매할 때 그냥 상품만 생산해서 판매하는 것보다 스토리텔링을 하면 똑같은 농산물이라도 가치가 높아져 높은 가격에 판매되어 소득을 증가시킬 수 있다. 스토리텔링이란 스토리(story) + 텔(tell) + 링(ing)의 합성어로 말 그대로 '이야기하다'라는 의미이다. 상대방에게 알리고자 하는 스토리(사건, 지식, 정보)를 tell(말하기, 문자, 소리, 그림, 영상 등)을 통해 ing(교감, 상호작용) 하는 것을 말한다.

스토리텔링은 결국 생산물의 이야기를 잘 전달하여 소비자에게 구매하고 싶은 마음이 생기게 설득하는 방법이다. 생산물에 대한 정보나 사실들을 그냥 나열해서 보여주는 것이 아니라, 다양한 시각으로 바라보고 주제나 배경, 시간과 장소 등 서로 이어져 있는 관계와 연관, 즉 맥락에 따라 이야기를 구성하고 꾸며져야 스토리텔링이라 부를 수 있는 것이다.

예를 들어 주변에서 흔히 볼 수 있는 농산물도 스토리텔링을 통하여 일반식품, 의약용, 보신용, 화장용, 기능성 등 다양한 상품으로 만들 수 있다. 이처럼 기존에 생산하고 있던 생산물에 대해서 이야기를 만들어 붙이면 소비자들의 감성을 자극하여 소비를 높일 수 있다. 뿐만 아니라 상품의 가치를 높여서 판매 수입을 증가시킬 수 있다.

실례로 1991년 아오모리현에 큰 태풍이 불어 평년 대비 1/3의 사과만 남게 되었다. 대부분의 농민들이 실의에 빠져서 바람에 떨어진 사과를 보며 절망하고 있을 때, 한 농부는 태풍에도 떨어지지 않고 나무에 붙어있는 사과를 바라보며 희망을 찾았다.

농부는 쏟아지는 비바람에도 절대 떨어지지 않는 사과에 합격이라는 이름을 붙여서 '합격 사과'로 판매하기 시작하였고 수험생의 바램을 담은 '절대로 떨어지는 않는 사과'는 10배의 가격을 받고 모두 판매되었다. 태풍에 상처 입은 사과는 스토리를 통해 황금사과로 변신했고 농부는 매우 많은 소득을 얻게 되었다.

아오모리의 합격 사과

5. 고객만족

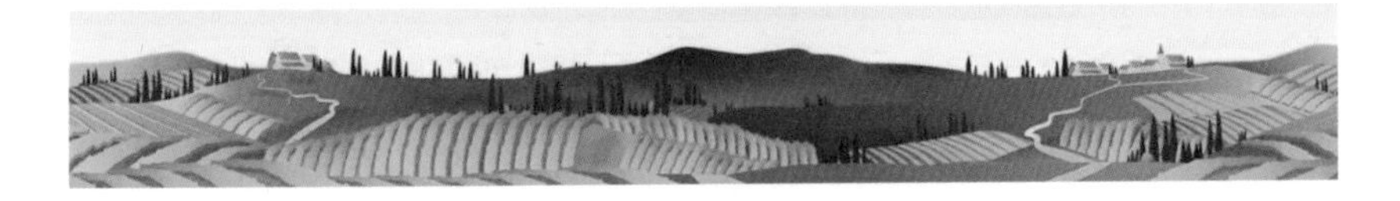

고객만족(customer satisfaction, 줄여서 CS)은 회사나 기업에서 고객 또는 소비자의 만족을 목표로 하는 경영기법을 말한다. 즉 고객에게 최대의 만족을 주는 것에서 기업의 존재 의의를 찾고 이를 통해 고객들이 계속해서 기업의 제품이나 서비스를 이용하여 이윤을 증대시키는 경영기법이다.

오늘날 기업들은 고객의 충성도를 보장받기 위하여 고객들에게 경쟁사가 제공하지 못하는 가치를 제공한다든지, 서비스를 하는 등 고객 우선주의의 경영전략을 강구함으로써 고객을 만족시키고 있다. 이것은 단골고객을 확보하고 또한 새로운 고객을 창조함으로써 시장 점유율을 제고시키는 데 기여할 수 있기 때문이다.

더욱이 고객들은 상품의 질이 좋다고 무조건 구매하던 시절이 지나고, 같은 상품이라도 이왕이면 고객의 만족감을 주는 상품을 선택하는 추세다. 소비자들은 고객만족을 통하여 생산물의 가치에 대해 판단하고, 이러한 판단결과에 근거하여 구매 의사결정을 하게 된다. 따라서 고객만족은 구매자가 구매하기 전에 판단한 기대 가치에 대하여 그 제품의 성능, 즉 실제 가치가 같다고 지각하는 경우에 이루어진다.

6차산업이 성공하기 위해서는 생산물을 판매할 때 고객을 만족시켜야 한다. 생산물을 판매할 때 고객을 감동시킬 수 있는 서비스를 제공하는 제품에 대해서는 재구매가 이루어지고, 구매량이 증가하게 된다.

예를 들어서 직매장에 갔는데 판매직원이 감동적인 서비스나 응대를 하면 인상에 남게 되고, 재구매로 연결시킬 수 있다. 그리고 입소문이 나서 성공하게 된다.

따라서 6차산업화를 성공하기 위해서는 참여하는 모든 농가들의 구성원들에게 서비스 의식을 고양 시키고, 고객 응대 요령을 생활화해야 한다.

6. 지역의 장점 부각

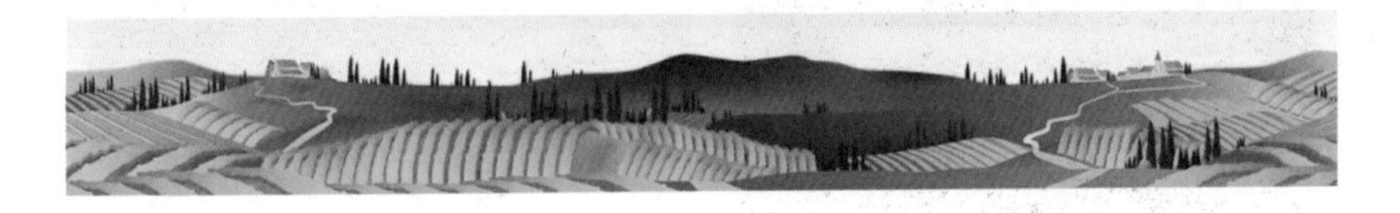

6차산업의 특성은 지역의 장점을 살리는 것이 매우 중요하다. 따라서 6차산업화가 성공하기 위해서는 상품에 그 지역의 장점을 최대한 부각시켜야 한다. 지역의 장점이란 다른 지역과 차별되는 지역의 자연, 기후, 환경, 전통, 역사, 전설, 습관 같은 것을 말한다. 따라서 어떤 생산품을 생산할 때 그 지역의 장점으로 추가하여 스토리텔링하면 그것 자체가 차별화 전략과 같은 효과를 준다. 예를 들면 다음과 같은 것이 있다.

1) 금산 인삼

금산군 남이면 성곡리 개안이 마을은 인삼의 눈을 뜨게 한 곳이라는 설화가 전해오고 있다. 지금부터 약 1,500여년 전에 강씨 성을 가진 선비가 일찍이 부친을 여의고 모친마저 병들어 자리에 눕게 되었다. 효자인 아들은 진악산에 있는 관음굴에서 정성을 들여 모친의 병을 낫게 해달라고 빌고 또 빌었다. 그러던 어느날 꿈속에서 산신령이 나타나 "관음불봉 암벽에 가면 빨간 열매 세 개가 달린 풀이 있을 것이니 그 뿌리를 달여드려라. 그러면 네 소원이 이루어질 것이다."하고는 홀연히 사라졌다.

강선비는 꿈이 하도 이상하여 꿈속에서 본 암벽을 찾아가니 과연 그런 풀이 있어 뿌리를 캐어 어머니께 달여드렸더니 모친의 병은 완쾌되었고, 그 씨앗을 남이면 성곡리 개안이 마을에 심어 재배하기 시작하니 이것이 금산에서 처음으로 인삼을 인공적으로 재배하게 된 것이라고 하며, 인삼의 모양이 마치 사람의 모습과 비슷하다 하여 인삼(人蔘)이라고 불리게 되었다고 한다. 이러한 전설로 인하여 인삼하면 금산의 인삼을 최고로 치게 되었다.

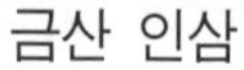
금산 인삼

안동 간고등어

2) 안동 간고등어

안동은 경상북도 북부에 위치한 내륙지방으로 싱싱한 해산물을 맛볼 수 있는 지리적인 조건과는 애당초 거리가 멀었다. 따라서 안동 사람들은 가장 가까운 해안지역인 영덕으로부터 해산물을 운반해 와 먹었는데 바로 안동간고등어의 유래가 비롯되었다.

동이 틀 무렵 영덕의 강구항을 출발할 때 안동까지 가야 하는 간잽이는 고등어의 배를 갈라 왕소금을 뿌렸다. 소금이 뿌려진 고등어는 안동까지 오는 동안 바람과 햇볕에 자연 숙성되었고 비포장길에서 덜컹거리는 달구지에 실려오는 동안 자연스레 물기가 빠져나오면서 안동에 도착할 즈음엔 육질이 단단해지고 간이 잘 배어 맛있는 간고등어가 되었다.

이러한 유래로 고등어가 나지 않는 안동에서 간고등어가 유명해진 것이다. 따라서 안동 간고등어가 유명해진 것은 안동의 전통이 깊은 역사적 사실을 바탕으로 상품의 가치를 높이는 것도 하나의 전략이다.

7. 농산 폐기물 최소화

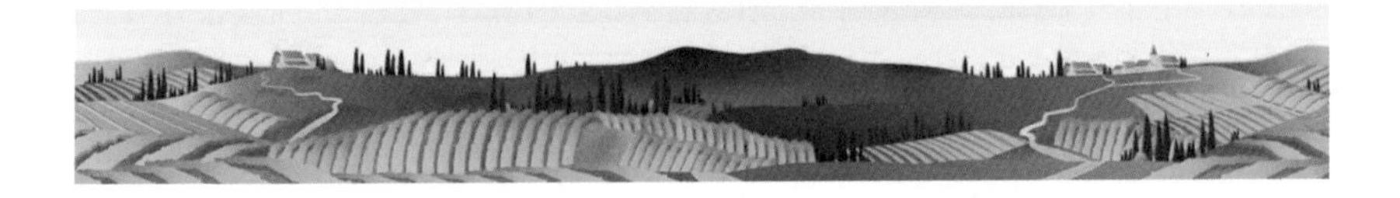

농산 폐기물은 농작물의 생산과 가공과정에서 발생되는 폐기물로 이용하기 어려운 찌꺼기 산물을 말한다. 농산물은 제품 특성상 재배과정이나 생산과정에서 손실되는 것이 많으며, 상품을 가공하는 과정에서도 많은 폐기물이 발생하게 된다.

농산 폐기물은 어쩔 수 없이 어떤 농작물이라도 발생하지만, 발생량이 많이 발생하게 되면 까다로운 절차를 거쳐서 폐기해야 하며 많은 비용이 든다. 폐기물 관련 법령에 따라 배출량이 많은 사업장에서 나오는 농산부산물이 하루 평균 300㎏ 이상이면 '사업장 생활폐기물'로 분류된다. 사업장 생활폐기물은 관련 규정에 따라 배출하도록 규정하고 있어 전문업체를 통해 처리해야 한다.

뿐만 아니라 요즘에는 소비자들이 환경에 대한 관심이 높아지면서 폐기물이 많이 발생하는 생산물에 대해서는 구매를 거부하는 양상이 두드러지기 때문에 6차산업화가 성공하기 위해서는 되도록 폐기물이 많이 생기지 않는 농산물을 선택해야 하며, 생산이나 가공과정에서 폐기물을 최대한 줄일 수 있도록 공정을 설계해야 한다.

또한 농산 폐기물을 재생하거나 재활용하여 다른 생산물을 만드는 방법도 고안해야 한다. 예를 들어 서해안에서 생산되는 굴을 소비하고 나서 굴 껍데기의 처리에 고심을 하다 굴 껍데기를 이용한 벽돌을 개발하여 폐기물을 재활용하는 사례가 있다. 그리고 전에는 쌀을 도정하는 중에 생기는 왕겨, 미강 등 벼 도정 부산물이 폐기물로 분류되고 있어 일부 지역에서는 매우 까다로운 배출규제를 받았다. 그러나 지금은 왕겨는 축사 깔짚으로 사용되고 최종적으로 퇴비 주재료로 사용하며, 미강은 가축 사료로 만들어 재활용하여 폐기물 발생 문제를 해결하였다.

굴껍데기 벽돌

축사용 깔개로 사용된 왕겨

이처럼 농산 폐기물을 그냥 버리기보다는 효과적으로 활용하는 것이 비용을 줄이고, 수익을 높일 수 있게 된다. 그리고 환경을 보호하여 일석삼조의 효과를 얻을 수 있다.

제4장

융복합산업 관련 용어

1. 도농교류

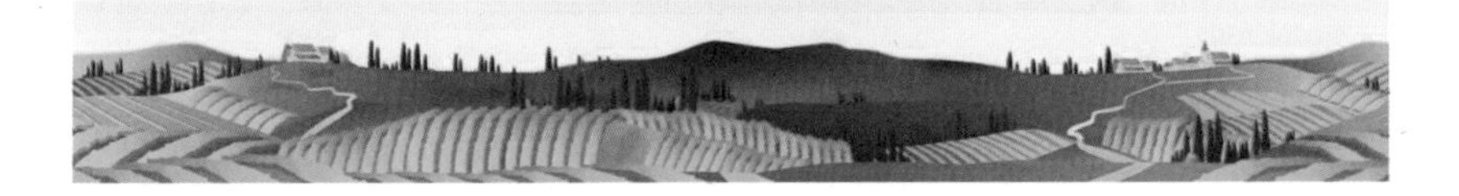

도농교류의 사전적 의미는 도시와 농촌의 지방 자치 단체 간에 자매결연을 하는 것이다. 그러나 '도시와 농어촌 간의 교류촉진에 관한 법률'에서는 농어촌체험·휴양마을사업, 관광농원사업 등을 통하여 도시와 농어촌 간에 이루어지는 인적 교류와 농림수산물 등의 상품, 생활 체험·휴양 서비스, 정보 또는 문화 등의 교환·거래 및 제공하는 것이라고 정의하고 있다.

도농교류를 녹색관광(green tourism), 농촌관광(rural tourism), 도농 녹색 교류, 녹색 농촌 체험 등의 다양한 용어와 혼용되거나 유사한 의미로 사용되기도 하지만, 도농교류는 이러한 모든 개념을 포함하는 넓은 의미다.

도농교류는 지역자원의 생태·문화·역사 자원에 대한 이해증진과 농촌의 활성화와 같은 공공의 목적을 위한 인적 교류에서부터 농특산물과 같은 상품을 판매하고, 관광·휴양·체험 서비스를 제공하고, 정보, 문화, 자본 등의 교류에 이르기까지 다양한 의미를 포함한다.

농촌에서 여름휴가 보내기 캠페인

OECD(1999) 보고서를 보면 농촌자원을 야생지, 경작지, 경관, 역사적 기념물, 문화적 전통을 포함해 자연적이거나 인공적인 모든 것을 지칭하며, 농촌 지역에 광범위하게 존재하는 모습들(Features)이라고 정의하고, 농촌자원은 기본적으로 보호하고 발전시켜야 할 자산이며 농촌개발을 위한 중요한 자원으로서 인식하고 있다. 따라서 농촌자원을 통한 도농교류는 매우 의미가 있다고 할 수 있다.

소득수준의 향상으로 도시민들의 웰빙에 대한 수요증대와 생활 의식의 변화로 농촌자원은 그 활용 가치가 점점 높아지고 있다. 또한 최근 활성화되고 있는 농어촌체험 마을은 친환경 농어업, 자연경관, 전통문화 등 유·무형 자원을 활용하여 농어업의 부가가치를 높이고 농어촌의 소득향상 및 공동체를 형성·복원하여 삶의 질을 향상하고 있다. 또한 도시민의 다양한 수요에 맞는 체험·휴양공간으로 조성하여 도농교류의 기반을 구축하고 농촌 지역에 활력을 증진 시키고 있다.

2. 신활력사업

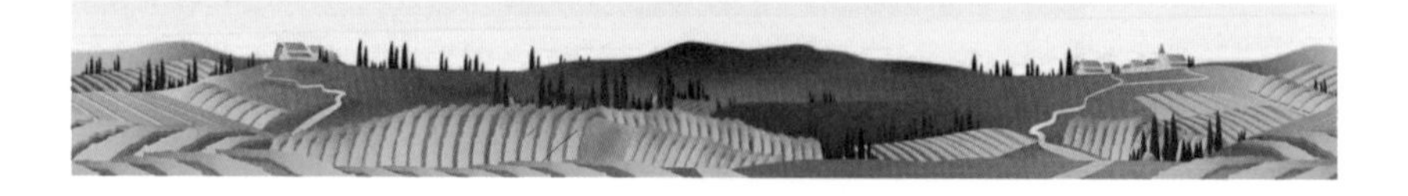

신활력사업이란 지역 내 대학, 기업, 연구소, NGO, 언론 등과 같은 지역을 혁신할 수 있는 주체들의 역량을 총집결하여 지역혁신체계를 구축하고, 이를 바탕으로 지역 특성에 맞는 발전전략을 수립·추진함으로써 지역의 혁신과 발전을 유도하는 사업을 의미한다.

신활력사업이 탄생하게 된 배경을 보면 국토의 불균형 성장발전을 해소하기 위해 참여정부가 2004년 1월 16일 「국가균형발전특별법」을 제정하여 국가적인 차원에서 지역 간 불균형 성장 발전을 해소하고자 정책을 시행하게 되었다.

당진시 신활력사업

신활력사업은 지역이 주체가 되어 자생적 발전 역량을 키우고 강점을 발굴, 특화·사업화하여 지역발전을 유도하는 새로운 개발방식이다. 신활력사업은 향토 자원 육성, 농촌관광 사업, 인재 육성, 주민 삶의 질 향상을 목표로 하여 지역 혁신 역량 강화, 고부가가치 융복합산업 창출, 도농 간 활발한 교류·협력을 추진한다. 이때부터 지방자치단체 단위로보다 본격적으로 지역자원을 활용한 융복합의 개념이 시작했다.

신활력사업이 성공하기 위한 핵심은 다음과 같다.

첫째 자신들이 가진 최고의 잠재 역량이 무엇인가를 찾아내야 한다.

둘째 찾아낸 잠재 역량이 경제적 효과로 나타날 수 있어야 한다.

셋째 지속적으로 계속 성장할 수 있는 사업이어야 한다.

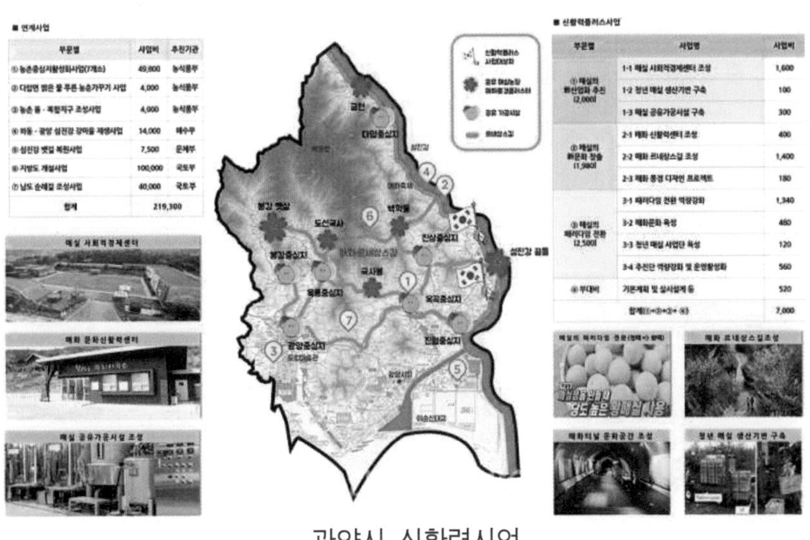

광양시 신활력사업

신활력사업으로 선정하는 지역 범위는 시군구 단위로 지정하며, 사업의 성격은 S/W분야, 지역혁신역량 강화 분야이다.

신활력사업의 추진 방향을 살펴보면 다음과 같다.

① 농산어촌형을 중심으로 하는 지역혁신체계 구축 및 혁신 역량 강화 사업이다.
② 중앙정부에 의존하는 수동적인 발전이 아니라, 지속적으로 발전할 수 있는 혁신 주체들의 자발적인 참여로 이루어진다.
③ 지자체, 지역주민, 출향 인사, 외부 전문가 등이 함께 참여하는 개방형 네트워크 구축을 위해 지역발전을 위한 상호토론 및 학습과 벤치마킹 등을 통해 혁신을 유도한다.
④ 1차·2차·3차 산업을 융합하여 고부가가치의 새로운 산업을 육성하여 부가가치를 높인다.
⑤ 농사짓기 체험, 고기잡이 체험 등 도시민의 다양한 농산어촌 체험 프로그램을 운영한다.
⑥ 도농 자매결연을 추진하여 도시민에게는 양질의 농산물 구입이 가능하고, 농어민에게는 안정적 판로를 확보한다.
⑦ 공공서비스 개선과 삶의 질을 향상하기 위해 교육, 의료, 교통, 통신 등 공공서비스 개선 및 프로그램개발을 통한 삶의 질 향상을 목표로 한다.
⑧ 지역 이미지 제고 및 관광과 연계한 홍보와 마케팅을 위해 지역 고유의 향토 문화 축제 개최, 도농교류 활동, 1사 1촌 활동, 언론매체 홍보 등을 한다.

3. 로컬푸드

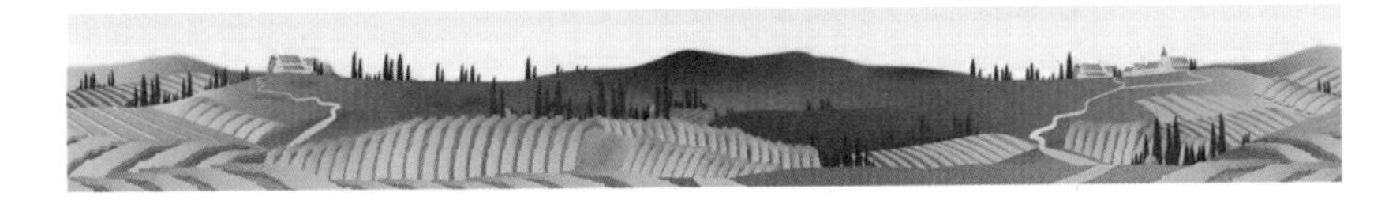

요즘 농협을 중심으로 로컬푸드 사업이 활발하게 전개되고 있다. 로컬푸드(Local Food)는 소비자가 거주하는 지역(local)에서 생산된 농산물(food)을 의미한다.

판매시장으로부터 반경 10마일(16km)부터 하루 안에 운전하여 갈 수 있는 지역에서 생산된 믿을 수 있는 친환경 농산물을 해당 지역에서 소비하는 것을 말한다. 나라마다 일정한 반경은 차이가 있지만, 우리나라에서는 같은 시·군에서 생산된 농산물로 정의하고 있다.

로컬푸드 매장

로컬푸드는 1990년대 초 유럽에서 믿을 수 있고 안전한 식품을 원하는 소비자와 지역 농업의 지속적인 발전을 꾀하려는 생산자의 이해가 만나면서 시작됐다. 이후 세계 각국에서 로컬푸드에 대한 관심이 증대되었다.

이로 인하여 이탈리아의 슬로푸드(Slow Food), 네덜란드의 그린 케어팜(Green Care Farm), 미국의 100마일 다이어트 운동 등이 생겨났으며, 특히 일본은 로컬푸드 소비 확대를 위해 지산지소[地産地消; 지역(地)에서 생산(産)한 농산물을 지역(地)에서 소비(消)하자는 움직임으로, 우리나라의 '신토불이 운동'과 유사한 개념] 운동을 진행해오고 있는데, 이는 말 그대로 그 지역에서 생산되는 농산물을 그 지역에서 소비하자는 운동이다.

우리나라는 2008년에 전라북도 완주군에서 로컬푸드 운동이 본격적으로 진행되었고 이후 지역별로 다양한 로컬푸드 운동이 확산하고 있다. 요즘에는 단위농협을 중심으로 지역의 생산자와 소비자를 연결하는 로컬푸드 매장을 만들어서 지역주민의 뜨거운 호응을 얻고 있다.

로컬푸드 운동의 효과는 다음과 같다.

① 소비자에게는 신선하고 믿을 수 있는 친환경 농산물을 손쉽게 구할 수 있는 장점이 있다.
② 생산자는 안정적인 판로를 갖고 있기 때문에 안심하고 생산할 수 있다는 장점이 있다.
③ 지역에서 생산과 소비가 활발하게 진행됨에 따라 지역경제 활성화가 이루어질 수 있다.
④ 소비자가 원하는 품목을 생산하여 공급할 수 있는 맞춤형 지역 푸드 시스템을 구축할 수 있다.
⑤ 지역 농산물을 소비함으로써 농산물에 대한 지역 내 자급자족이 가능하다.
⑥ 가까운 거리에서 생산과 소비가 이루어지기 때문에 유통에서 발생하는 각종 공해나 쓰레기를 줄일 수 있어서 환경보호 효과가 있다.

4. 향토산업

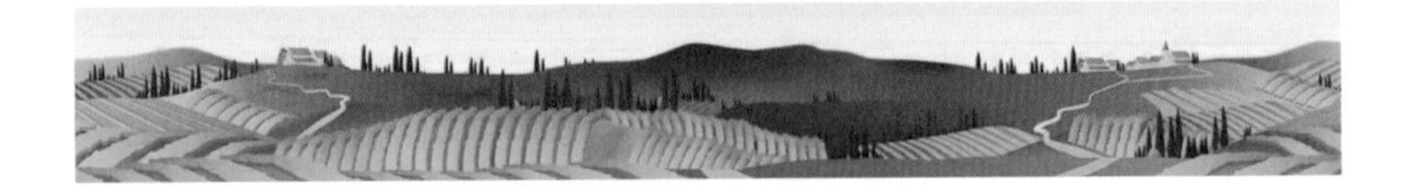

향토산업은 2007년부터 농어촌에 존재하는 유무형의 향토 자원을 발굴하여 1·2·3차산업이 융복합된 산업으로 육성하기 위하여 추진되었다. 이때부터 융복합이라는 단어는 지역에서 자연스러운 단어로 자리매김하게 된다. 초기에는 대부분의 사업이 '명품화'를 주요 키워드로 했다면 시간이 지날수록 '융복합'을 키워드로 하는 사업이 많아지는 양상을 보였다.

향토산업은 1·2·3차산업이 연계된 복합 산업으로 육성하여 지역경제 활성화 및 소득 기반을 확충하며, 농어촌지역의 사업 역량 제고 및 지속 가능한 사업체계를 구축하는 것을 기본 목적으로 하고 있다. 지역에 존재하는 유무형의 자원을 산업화하는 데 초점을 맞추며, 이 과정에서 1·2·3차 융복합을 도모하고 있는 셈이다.

보성군 향토산업 생산품

향토산업은 신활력사업에서 의미하는 융복합산업과 그 맥락을 같이 한다고 할 수 있다. 하지만 신활력사업은 지방자치단체 단위의 사업으로서 농업인이 주체가 되어 생산하고 가공하고 유통 체험이 일체화된 융복합산업이 아닌, 하나 또는 다수의 테마를 주제로 서로 각자가 생산과 관련된 사업, 가공과 관련된 사업, 유통 체험과 관련된 사업을 추진하는 방식으로 전개되고 있다.

또한 향토산업의 경우는 가공 부분에 초점을 맞추고 가공 관련 법인을 육성하는 형태로 사업이 추진되어왔기 때문에 농업인과의 연계성 등에 대해서는 간과한 부분이 있다. 즉, 융복합산업과 융복합을 주요 테마로 사업을 추진해 왔지만, 실제적인 주체들끼리의 연계 그리고 산업 간의 연계 부분은 미처 고려하지 못하고 지나친 점이 있었다.

경남 고성지역에서 생산된 보리로 만든 보리라면

5. 그린투어리즘

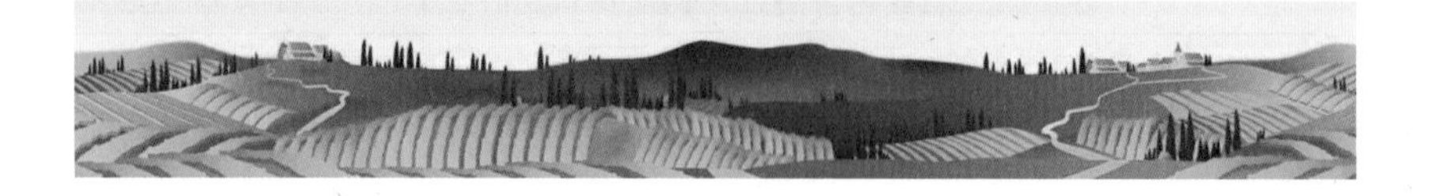

그린투어리즘(Green Tourism)은 우리말로 녹색관광으로 농촌의 경작과 관련된 경관이나 자연경관, 역사적 기념물, 문화적 전통, 농촌 생활과 산업을 매개로 도농간의 교류 형태로 추진되며, 찾는 사람들에게 휴양과 경제적 가치를 제공하는 체류형 여가 활동을 말한다. 그린투어리즘을 실시하게 된 배경에는 도농 간 경제적, 사회적 교류에 의하여 농촌 지역의 경제 활성화를 목표로 하고 있다.

하동 농업기술센터 그린투어리즘센터

관광농원은 1984년부터 도시와 농어촌 간의 상호교류를 촉진시켜 농어촌의 사회·경제적 활력을 증진하기 위하여 추진된 농어촌정비사업의 일환으로 추진되었다. 이는 도시민들의 농어촌 생활에 대한 체험과 휴양 수요를 충족시키고 이로 인한 농어촌의 소득증대로 도시와 농어촌의 균형발전을 도모하기 위한 것이었다.

그린투어리즘 안에는 관광농원(Tour Farm)이 포함되는데, 관광농원은 농어촌의 자연 자원과 농림수산 생산 기반을 이용하여 지역 농산물의 판매시설, 영농 체험시설, 체육시설, 휴양시설, 숙박시설, 음식 또는 용역을 제공하거나 이에 딸린 시설을 갖추어 이용하게 하는 농원으로 농어촌정비법상 '농어촌 관광 휴양사업'의 일종이다.

이천시 농촌지도자회 그린투어리즘 활동

농촌자원은 농촌진흥청에서 자연자원, 문화자원, 사회자원으로 크게 분류하고, 이를 다시 환경자원, 생태자원, 역사자원, 경관자원, 시설자원, 경제 활동자원, 공동체 활동자원으로 분류하고 있으나, 농촌자원은 지역에 따라 서로 다를 수밖에 없다.

농촌자원을 분류해보면 〈표 3-1〉과 같다.

〈표 3-1〉 농촌자원의 분류

구분	3차산업
자연환경	환경자원 - 깨끗한 공기, 맑은 물, 환경생태자원
	- 비옥한 토양, 미기후(微氣候), 특이 지형 - 동물, 식생(천연기념물, 보호종 희귀종, 보호수, 마을 숲 등) - 수자원(하천, 저수지, 지하수 등), 습지
문화자원	역사자원 - 전통 건조물(문화재, 정자, 사당 등) - 전통주택 및 마을의 전통적인 요소 - 풍수지리나 전설(마을 유래, 설화 등)
	경관자원 - 농업 경관(다락논, 마을 평야, 밭, 과수원 등) - 하천 경관(하천 흐름, 식생 등) - 산림 경관(산세, 배후 구릉지 등) - 주거지 경관(건축미, 주거지 스카이라인 등)
사회자원	시설자원 - 공동생활시설, 기반 시설, 공공편익 시설 등 - 농업시설(공동창고, 공동작업장, 집하장, 관정 농로 등)
	경제활동 자원 - 도농교류 활동(관광농원, 휴양단지, 민박 등) - 특산물(유기농농산물, 특산가공품 등)
	공동체 활동 자원 - 공동체 활동, 씨족 행사, 마을문화 활동, 명절놀이 등 - 홍보활동

자료 : 농촌진흥청농촌자원개발연구소(2004), 주민참여계획모델에 의한 농촌

6. 슬로관광

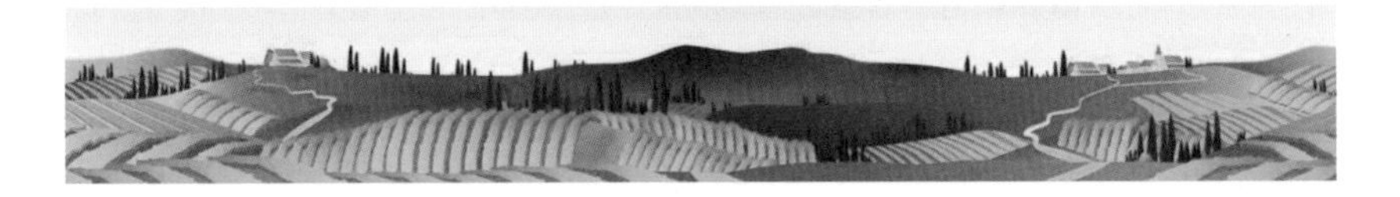

슬로관광(Slow Tour)은 슬로우 리트릿(Slow Retreat)이라고도 하며, 동남아 등에서 유행하는 체류형 힐링관광을 벤치마킹하여 느림의 철학을 바탕으로 자연 생태환경과 전통문화를 지키는 슬로시티에서 체류하면서 힐링하는 관광을 말한다.

슬로시티 라이프는 공해 없는 자연 속에서 전통과 자연 생태를 슬기롭게 보전하면서 느림의 미학을 기반으로 무한 속도 경쟁의 디지털 시대보다 여유로운 아날로그적 삶을 추구하는 접근법을 의미한다. 즉 공해 없는 자연 속에서 그 지역에서 생산되는 음식을 먹고, 그 지역의 문화를 공유하며, 자유로운 옛날의 농경시대로 돌아가는 느림의 삶을 추구하는 운동을 말한다.

슬로시티 증도

1986년, 이탈리아 로마에 패스트푸드의 대명사인 맥도날드가 매장을 열자 이탈리아 사람들은 큰 충격을 받았고, 지역 고유의 전통음식을 지키려는 모임이 곳곳에서 생겨나기 시작했다. 슬로푸드 운동의 세가 확장되어 1999년 10월, 그레베 인 키안티(Greve in Chianti)의 파올로 사투르니니(Paolo Saturnini) 전 시장 등이 모여 풍요로운 마을이라는 '치따슬로(cittaslow)', 즉 슬로시티(slow city)운동을 출범시켰다.

슬로시티의 슬로(Slow)는 단순히 패스트(Fast)의 반대 의미로 '느리다'라는 의미라기보다는, 개인과 공동체의 소중한 가치에 대해 재인식하고, 여유와 균형 그리고 조화를 찾아보자는 의미다. 이는 결코 현대 문명을 부정하거나 반대하는 것이 아니며, 지역의 정체성을 찾고, 옛것과 새것의 조화를 위해 현대의 기술을 활용하는 것을 지향하고 있다.

슬로시티 아산

슬로시티는 도시의 전통문화와 산업, 자연환경, 지역 예술을 지키고자 지역민이 참여하는 지역공동체 운동이며, 지역 특산물 및 전통음식의 가치 재발견, 생산성 지상주의의 탈피, 환경을 위협하는 대량소비와 무분

별한 바쁜 생활 태도의 배격, 자연에 대한 인간의 기다림 등의 철학을 실천하는 운동이다.

인구가 5만 명 이하이고, 도시와 환경을 고려한 정책이 실시되고 있으며 전통문화와 음식을 보존하려 노력하는 등 일정 조건을 갖춰야 슬로시티로 가입할 수 있다.

슬로시티는 2023년 기준 전 세계 33개국 288개 도시가 가입되어 있는데, 아시아 지역은 우리나라가 처음으로 전남 4곳(완도군 청산도, 신안군 증도, 담양군 창평면, 장흥군 유치면)이 슬로시티 국제연맹의 실사를 거쳐 2007년 12월 1일 슬로시티로 지정되었다. 2023년까지 전국에 19개가 지정되어 운영되고 있다.

〈표 3-2〉 슬로시티 지정현황

구분	지정
2007	완도군 청산도, 신안군 증도, 담양군 창평면, 장흥군 유치면
2009	경남 하동군, 충남 예산군
2010	경기도 남양주시, 전북 전주시
2011	경북 상주시, 청송군
2012	강원도 영월군, 충북 제천시
2017	충남 태안군, 경북 영양군
2018	경남 김해시, 충남 서천군
2019	전남 목포시
2021	강원 춘천시
2022	전남 장흥군

출처) 한국슬로우시티 본부

7. 생태관광

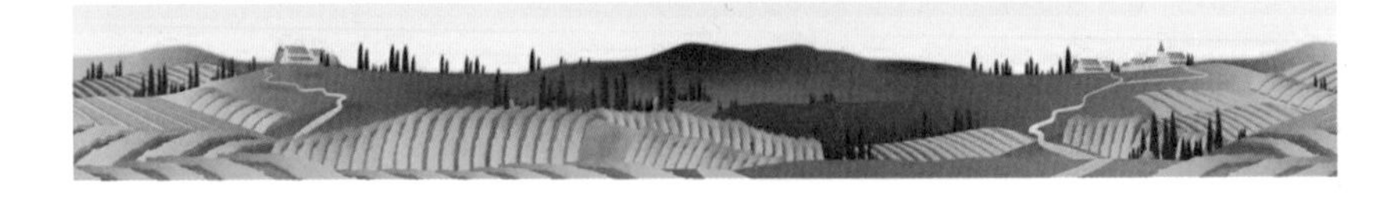

생태관광(Ecological Tour)은 생태학(Ecology)과 관광(Tour)의 합성어로 양호한 상태의 자연보존지구를 목적지로 하는 여행을 말한다. 생태관광이란 생태계를 보존, 보호하는 측면에서 환경적으로 건전한 형태의 관광이다. 생태관광은 자연 보전을 위한 활동을 주목적으로 하며, 관광객에게 환경 보전의 학습 기회를 제공하고, 관광으로 인한 수익은 지역의 생태계 보전에 사용하는 관광이다.

한국관광공사(1997)에서는 생태관광을 '관광, 문화, 교육의 불가분성을 이해하면서 책임지는 관광(responsible tourism)으로, 환경과 지역사회 문화에 최소한의 영향을 미치고 최대한의 경제적 혜택과 관광객의 만족 요건을 충족시키는 관광'이라고 정의하고 있다.

고창 람사르습지 생태관광

생태관광이란 최근이 아닌 오래전부터 여러 지역에서 다양한 형태로 나타나는 자연환경을 환경 보전적 목적으로 새로이 개발한 관광산업이라 할 수 있다. 이처럼 생태관광은 지속가능한 관광(Sustainable Tourism), 녹색관광(Green Tourism), 자연관광(Nature Tourism) 등의 개념과 일맥상통하는 면이 있다.

생태관광은 1965년 Hetzer가 관광이 개발도상국에 미치는 여러 가지 영향에 대하여 비판하며, 그 대안으로 생태적 관광(Ecological Tourism)을 제안한 것에서 비롯되었다. 이것이 본격적으로 상품화된 것은 1983년으로, 미국 환경단체 의장인 엑토르 세바요스 라스쿠라인(Ceballos Lascurain)이 유카탄(Yucatan)반도 북부의 유명 관광지 습지들을 홍학 번식지로서 보전하기 위해 생태관광이라는 용어를 처음 사용했다고 알려져 있다.

대청호 오백리길 생태관광

생태관광이 대두하는 것은 무엇보다 환경 문제가 세계의 공동 관심사가 되었고, 관광 자원의 개발에 있어서도 환경과 자연을 생각하여 그 한계를 둠으로써, 관광 자원의 지속성을 보장하려는 노력이 필요하다는 공감대가 형성되었기 때문이다. 생태관광은 건전하고 다양한 자연생태계에 그 기초를 두고 있기 때문에 생물다양성이 풍부할수록 경쟁력이 커지며, 관광수요의 충족과 삶의 질 향상 역시 도모할 수 있게 된다.

1) 관광과 생태관광의 차이

대상면에서 생태관광은 자연환경만을 대상으로 하는 관광인 반면에 대중관광은 자연자원, 문화자원, 역사자원을 포함하는 관광이다. 그리고 규모면에서 생태관광은 주로 소규모의 인원이 참여하는 반면, 대중관광은 대규모의 인원이 참여한다.

참여 형태면에서는 생태관광객들의 경우 일반적으로 환경보호와 관광지의 문화 3보전에 관심이 많은 반면에 관광객들은 주로 여행 자체를 즐기려는 사람들이 선택하는 관광이다. 생태관광객들은 생태관광지의 불편한 시설도 기꺼이 감수하려 하지만, 대중 관광객들은 시설의 수준이나 청결도에 민감한 편이다.

〈표 3-3〉 관광과 생태관광의 차이

구분	관광	생태관광
대상	자연 자원, 문화 자원, 역사 자원	자연환경
규모	대규모의 인원	소규모의 인원
참여 형태면	소극적인 관광객	적극적인 관광객
시설	고급 시설	낮은 시설 수준

2) 생태관광의 종류

생태관광에는 지속가능한 관광, 녹색관광, 대안관광, 공정관광 등이 있다.

① 지속가능한 관광

지속가능한 관광은 환경에 장기적인 손상을 주지 않는 선에서 관광의 개발이나 이용 정도를 다음 세대가 필요로 하는 여건을 훼손하지 않고 현세대의 욕구에 부응하는 수준에서 관광자원을 개발 또는 이용하는 것과 함께 관광 소비가 해당 관광지의 수용 능력을 초과하지 않도록 계획하는 것을 말한다.

지속가능한 관광지

기존의 관광은 가능한 많은 관광객의 유치를 목표로 관광객의 편의 위주로 진행되어 왔으나 이는 결과적으로 대규모 개발을 지지하게 되어 심각한 환경의 훼손과 사회적 부작용을 유발하였다. 이에 따라 자연 친화적이고 지속가능이라는 개념을 담은 여러 형태의 관광을 출현시키게 되었다. 따라서 지속가능한 관광의 개념에는 지속가능발전에서 강조하고 있는 자연자원 보존, 경제발전 및 지역주민의 참여와 함께 문화자원에 대한 보호, 관광객의 윤리의식 등이 포함된다.

② 녹색관광

녹색관광은 농촌, 어촌, 산촌 등 회색 도시를 벗어난 지방의 녹색 지역을 대상으로 한 관광 형태로 농촌관광이라고도 한다. 녹색관광은 지역 내 관광 자원을 활용하여 도시주민들에게 휴양과 농촌 경험의 기회를 제공하며, 지역의 자원과 문화를 개발하고 보존하는 데 목적이 있다.

③ 대안관광

대안관광(Alternative Tourism)은 기존 자연 관광자원을 이용한 관광 개발을 탈피하여 문화를 관광자원의 중요한 요소로 생각하는 것으로 기존 관광의 환경파괴, 교통혼잡, 주민과의 마찰, 방문객의 만족도 저하 등 많은 문제점을 해결하는 방법으로 대두되었다. 대안관광은 자연 파괴적이기보다는 자연 친화적이며, 양적인 차원의 대량관광과는 달리 질적인 차원의 품질관광을 지향하고, 하드웨어 위주의 관광시설 개발보다는 지역이 가지고 있는 관광자원을 활용하여 소프트웨어 위주의 관광상품 개발의 특색을 가지며, 정부나 지자체 주도의 하향식 개발방식보다는 지역주민이 주도하는 상향식 개발방식을 요구하는 기존 대중관광의 대안관광이라고 할 수 있다.

④ 공정관광

공정관광(Fair Travel)은 공정무역(Fair Trade)에서 따 온 개념으로서 생산자와 소비자가 대등한 관계를 맺는 공정무역처럼 여행자와 여행지의 국민이 평등한 관계를 맺는 여행을 가리킨다. 그래서 공정관광(Fair Travel)은 책임여행(Responsible Tourism), 윤리적 여행(Ethical Tourism) 등과 맥락을 같이한다. 공정관광은 관광객, 지역주민, 관광업체와 자연환경 간의 관계에서, 지역주민의 삶과 문화를 존중하면서 자연환경을 보전하고 공정한 거래를 하는 지속가능한 관광을 말한다. 예를 들어, 관광객이 지역주민들의 집에서 민박을 하거나, 지역 생산품을 구매하는 등 지역 경제에 지속적으로 도움이 되게 하는 여행을 말한다.

관광산업은 전 세계적으로 매년 10%씩 성장하지만, 관광의 경제적 이익 대부분은 G7 국가에 속한 다국적 기업에 돌아간다. 경제적 이익이 발생했다 다시 빠져나가는 누손율이 네팔 70%, 태국·코스타리카 각각 60%와 45%로 관광수익의 절반 이상이 나라 밖으로 유출되고 있다.

공정관광은 지속가능한 관광의 등장을 배경으로 그 분위기가 확산되고 있다. 즉, 관광객에게 즐거움, 여가를 주며 지역주민에게는 수익과 이익을 제공하면서 환경피해를 최소화하는 관광의 형태로 나아가고 있다.

영월군의 생태관광

3) 생태관광의 사례

생태관광이란 환경보호와 자연 회복을 위해 조성된 친환경적 공간을 여행하는 것이다. 이런 곳은 모두 산업화, 도시화의 부작용인 환경오염과 자연파괴로부터 다시 녹색공간으로 복원되어서 미래 지향적인 환경사업으로 중요시되고 있는 여행방식이다. 또한 여행지 주민의 복지를 증진 시키고, 자원

보전에 기여할 수 있도록 책임 있게 행동하는 관광이다. 국내의 대표적인 생태관광지역으로는, 양구 DMZ, 인제 생태마을(용늪), 강릉 가시연습지·경포호, 평창 동강생태관광지, 안산 대부도 대송습지, 대전 대청호 오백리길 등이 있다.

DMZ 생태관광

8. 힐링관광

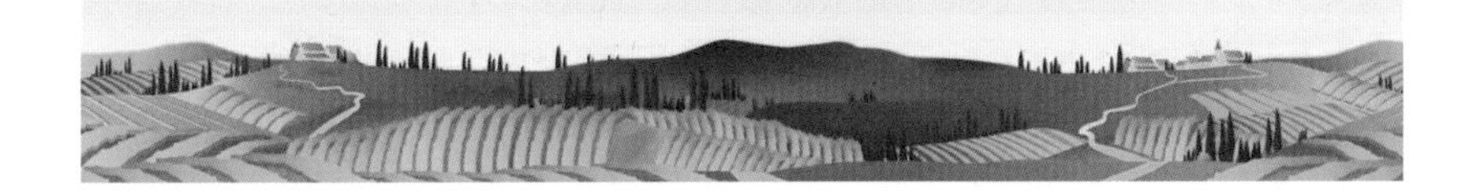

힐링관광은 2012년부터 관련 서적들이 나오기 시작하면서 대중들에게 중요한 여행의 한 분야로서 인식되고 있다. 그리고 정부와 지자체 등에서 힐링관광이라는 명목 아래 다양한 관광지와 관광상품을 개발하고 있다. 하지만 아직 힐링관광이 무엇인지 명확히 정의된 바는 없다.

비록 개념 정의는 명확히 되지 않았지만, 여행 중 자연환경을 활용하여 정신적, 육체적 스트레스를 해소하고 심리적 안정감을 찾아 심신의 건강을 회복하고자 하는 현대인들이 증가하고 있다. 심리적 만족감, 스트레스 해소, 우울증 해소 및 신체적 건강 향상에 여행이 긍정적인 영향을 미칠 수 있음이 입증되면서 힐링관광의 중요성이 더욱 커지고 있다.

힐링관광(Healing Tour)은 힐링(Healing)과 여행(Tour)의 합성어이다. 즉, 문자 그대로 힐링여행을 해석해 본다면, 관광을 하면서 심신을 치유하고, 마음을 정화하는 활동으로 정의할 수 있다. 힐링관광도 비슷한 의미로 사용되고 있지만, 주로 힐링 개념을 휴양, 레저, 문화 활동에 접목하여 만든 관광상품에 참여하는 행위를 통칭한다. 힐링관광은 특히 정부나 지자체에서 적극적으로 도입하고 있는데, 지역의 관광상품을 건강, 치유, 휴양, 레저, 문화활동 등과 연계하여 새로운 상품으로 제공하고 있다.

최근에는 힐링관광이 의료관광, 생태관광, 종교관광 등을 포함하는 포괄적인 개념으로서 확대하고 있어, 그 시장성이 더욱 커질 것으로 예상된다.

힐링관광과 관광의 차이는 다음과 같다.

① 여행의 주체면에서 힐링관광은 자신의 힐링을 위해서 스스로 계획을 세워 여행하는 것을 의미하고, 관광은 정부, 지자체, 업체, 개인 등이 만든

관광상품에 참여하는 것이라 할 수 있다.

② 여행의 참여도면에서 힐링관광은 자신이 원하는 여행을 하는 것이기 때문에 능동적이라 할 수 있는 반면, 관광은 만들어진 관광상품에 참여하는 것이기 때문에 수동적인 형태로 볼 수 있다.

③ 여행의 선택면에서 힐링관광은 일정이나 여행의 볼거리 선정 자체가 자유롭지만, 관광은 이미 계획된 일정에 따라야 하기 때문에 상대적으로 선택이 자유롭지 못하다.

④ 여행의 형태면에서는 힐링관광은 주로 휴식형 관광이 많고, 관광은 체험형이 많다.

⑤ 여행지는 힐링관광은 어디든 가고 싶은 곳을 선택할 수 있지만, 관광은 여행의 목적을 이룰 수 있는 시설 등이 갖춰진 곳을 선택해야 한다.

〈표 3-4〉 힐링관광과 관광의 차이

구분	힐링관광	관광
주체	스스로 여행계획을 세워서 여행	정부, 지자체, 업체, 개인 등이 만든 관광상품에 참여
참여도	능동적으로 참여	수동적으로 참여
선택	일정이나 여행의 볼거리 선정 자체가 자유롭게 선택	계획대로 따라서 하기 때문에 선택이 자유롭지 못함
형태	휴식형 관광	체험형 관광
여행지	가고 싶은 곳을 선택	힐링시설, 의료시설 등 여행의 목적을 이룰 수 있는 시설 등이 갖춰진 곳

제5장

외국의 융복합산업 성공사례

1. 일본 오오야마 농협

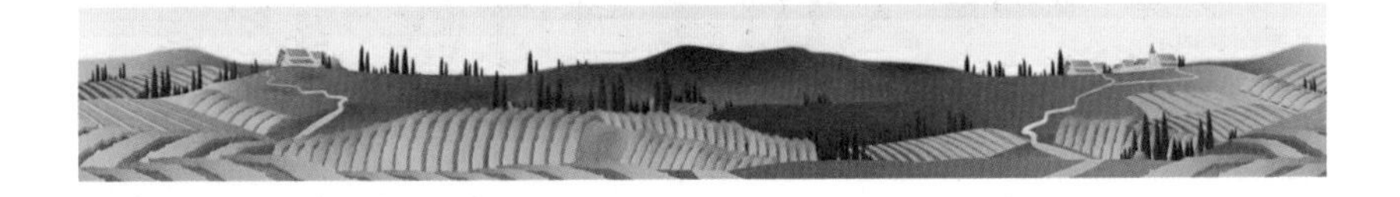

6차산업의 효시이자 발상지로서 널리 알려진 오오야마(大山)농협은 1961년 NPC (New Plum and Chestnuts)운동을 하면서 알려졌다. 오오야마농협이 있는 지역의 인구는 2,700여 명이며, 조합원 수가 565명인 작은 농협이다.

오오야마지역은 농가당 면적이 작아 소득이 적었기 때문에, 작은 면적에서 어떻게 소득을 올리고, 다른 지역과 차별화할 수 있을지 많이 고민한 끝에 NPC운동을 하기로 하였다. NPC운동은 다음과 같이 3가지로 전개하였다.

첫째, 수익을 증대하여 농가 경제를 부흥시키려고 하였다.

오오야마농협은 수익을 증대하기 위해서는 판매단가가 높은 농산물을 생산해야 한다는 생각에 착안하여 수익을 증대하기 위하여 노력하였다.

오오야마농협은 돈 벌어서 '하와이 여행가자'라는 캐치프레이즈를 내걸고 수익이 높은 매실·자두·밤나무를 심었다. 그리고 안정적인 수익을 위해서 1년에 12번 수확이 가능한 시설재배 버섯으로 종목을 변경하여 수익을 확대하였다.

둘째, 지역 공동체를 만들려고 하였다.

오오야마지역주민들은 소득 증대 뿐만 아니고 정신적인 여유와 풍요로운 삶을 살기 위하여, 이벤트나 각종 행사를 통해서 서로가 격려하는 공동체를 만들기 위해서 노력하였다.

오오야마 목장 축제

셋째, 사랑의 네트워크를 만들려고 하였다.

오오야마를 낙원으로 만들고 주민 모두가 여유와 삶을 즐길 수 있는 지구 환경을 만들고 생명체를 존중하는 운동을 전개하였다.

이를 위하여 질 좋은 채소를 생산하기 위해서 좋은 토양을 만들어야 하는데, 퇴비공장을 만들어 버섯 찌꺼기에 유기 생물을 섞어서 리사이클 방식으로 환경을 지킬 수 있는 순화농업을 실천하고 있다.

1990년에는 오오야마 농협은 농가 식당과 9개의 직매장, 숙성 및 가공품 판매장을 만들어 '고노하나 가르텐'단지라고 명명했다.

농가 식당은 유기농 농산물만을 사용하는 특별한 식당으로 지역주민들에게 알려졌다. 식당이 활성화되면서 주부들의 일자리 창출뿐만 아니라 가정 전통 요리를 농가 식당에서 활용함으로써 삶의 보람을 한층 더 느낄 수 있는 계기가 되고 있다.

농산물 직매장은 1990년 50명의 생산자로부터 시작하여 지금은 2,000명의 농가가 참여해서 680품목의 농산물과 가공품을 연간 15억 엔 판매하는 직매장으로 발전했다. 직매장 운영방식은 판매 수수료 15%를 공제하고 출하자에게 정산하며 오후 6시까지 팔리지 않은 농산물은 농가가 거둬 가는 것을 원칙으로 한다.

특히 고노하나 가르텐 오가닉 농원 직매장에서는 매실 숙성과 가공품 판매장을 운영하여 수익을 증대하였으며, 연간 구매 고객이 매년 10%씩 증가하고 있다.

오오야마 매실

오오야마농협은 융복합산업이 성공하게 됨에 따라 일본 내에서 유명해져 많은 농민과 농협 관계자들이 보고 배워갔으며, 일본 총리까지 둘러보고 갔다. 이후 농산물 직매장을 대도시에 오픈하였으며, 슈퍼마켓이나 유통 업체 가공회사에 납품하여 소득이 지속적으로 증가하였다.

또한 오오야마농협은 고령의 조합원들이 설음식을 준비하는데 힘들어하는 것을 보고, 설날 음식상 배달사업을 하고 있다. 1년에 한 번이지만 2억 엔의 매출을 올리고 있으며 수익금 약 1억 엔은 50%는 농협 수익으로 하고 나머지 50%는 직원들에게 특별상여금으로 지급된다.

오오야마농협은 끊임없이 새로운 사업과 신제품을 개발하며 45년간 이 지역의 농가 수는 변함이 없다. 주변 농협의 자기 자본 비율이 4% 정도인 데 반해 오오야마농협은 26%를 유지하며 조합원 600명의 탄탄한 조직으로 성장했다. 오오야마농협은 이러한 놀라운 발전을 유지하기 위하여 조합장의 능력도 중요하기 때문에 후계 조합장을 양성하는 시스템도 갖추었다.

오오야마농협의 신품종 개발 회의

2. 일본 후나카타 버섯

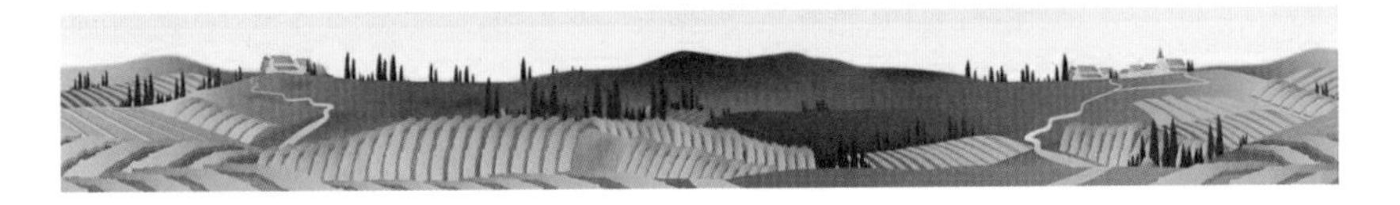

일본 혼슈(本州) 북부, 야마가타현(山形県)에 소재한 유한회사 후나가타 버섯(Funagata Mushroom, 有限会社舟形マッシュルーム) 회사는 타 농장과는 확연히 차별화되는 버섯과 이를 활용한 6차 산업화 모델로 성공을 거두었다. 2001년에 설립해 올해로 설립 22년째를 맞은 유한회사 후나가타 버섯룸의 대표 상품은 일반 양송이버섯보다 10배 정도의 크기인 직경 13~15cm의 '점보 양송이버섯'이다.

점보 양송이버섯

유한회사 후나가타 버섯은 현재 모가미가와의 지류인 모가미 오구니강의 기슭, 맑은 물과 녹색으로 둘러싸인 환경에서 68동의 재배사를 건축해서 매년 1,200~1,400t 규모의 점보 양송이버섯을 안정적으로 생산·공급하고 있다. 이는 일본 전국 버섯 생산량의 제3위로 일본 내 시장 점유율은 20%를 차지한다.

유한회사 후나가타 버섯은 양송이버섯의 품질 확보를 위해 최신 재배 시설을 도입하여 농약을 전혀 사용하지 않고 있으며, 일본농림규격(JAS) 인증 획득은 물론, 버섯 생산업계에서 드문 국제 위생관리인증인 HACCP(해썹) 인증을 받아 소비자의 신뢰도를 높였다.

청정지역에서 무농약으로 생산되는 버섯

유한회사 후나가타 버섯은 단순히 품질 좋은 버섯만 생산하는 것이 아니라 고부가치 상품 개발을 위해 식품 가공 시설을 조성해 버섯을 활용한 슬라이스 건조 버섯과 버섯 소스, 버섯 장조림, 건버섯을 비롯한 다양한 가공식품을 제조·판매하면서 농가소득 창출에 나서고 있다. 식품전문업체와 함께 버섯 카레·버섯 햄버그스테이크·버섯 피자 등의 레토르트(오래 보관할 수 있도록 살균하여 알루미늄이나 비닐봉지에 포장한 식품) 식품까지 개발하며 사업 영역을 꾸준히 확장하고 있는 것이 특징이다.

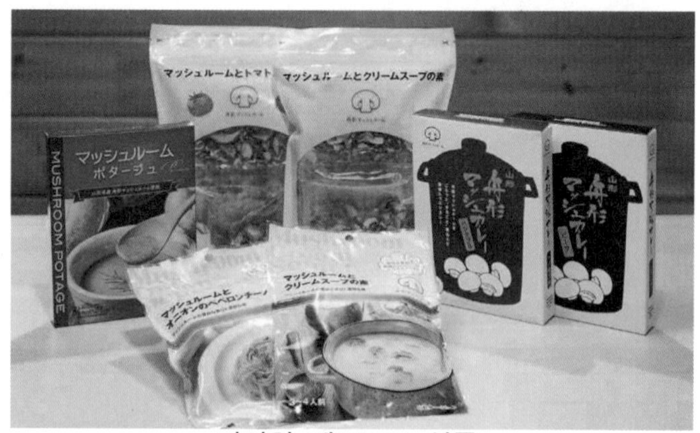

다양한 레토르트 식품

유한회사 후나가타의 양송이버섯은 농장에 직판장을 설치하여 농장을 찾는 고객에게 직접 판매할 뿐만 아니라 온라인(인터넷 통신판매)과 오프라인(자사 직판장, 지역의 특산물 판매장) 등 다양한 루트를 통해 일본 전국에 판매하고 있다. 또한 2017년에는 버섯농장에 양송이버섯요리 전문 식당인 머쉬룸스탠드 후나가타(マッシュルームスタンド舟形)까지 열어 자사 농장에서 재배한 신선한 양송이버섯을 이용한 다양한 메뉴를 제공하여 웰빙 레스토랑으로 큰 주목을 받고 있다. 휴일에는 전국에서 방문하는 고객이 북새통을 이루며 큰 인기를 얻고 있다.

양송이 버섯 요리와 머쉬룸스탠드 후나가타

유한회사 후나가타 버섯은 평균 연매출은 10억 엔(한화 약 100억 원) 이상을 기록하고 있으며, 12동 규모로 시작한 버섯 재배 시설도 현재 68동 이상으로 늘었다. 종업원도 설립 초기에는 8명에 불과했지만, 현재는 105명으로 증가해 지역 고용 창출에도 큰 역할을 하고 있다.

유한회사 후나가타 버섯의 성공 요인은 ① 1차 생산품인 버섯 품질이 매우 뛰어나다는 점, ② 안정적인 공급체계를 확보한 점, ③ 기존 유통망에 의존하지 않은 판매 방법을 택했다는 것이다.

3. 일본 나카타 식품

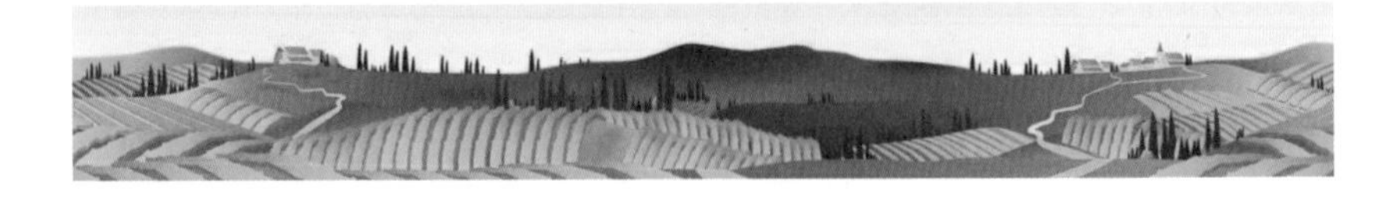

이바라기현(茨城県) 서내륙부에 위치한 나카타 식품(Nagata Foods. ナガタフーズ)사는 무를 활용한 틈새시장 개척에 성공해 6차 산업화를 이룬 대표적인 사례다. 나카타 식품은 원래 무를 전문으로 생산하는 농가로 시작하여 1992년에 무 가공품을 만드는 법인을 설립하여 현재에 이르고 있다. 나가타 식품은 원래 농가와 계약재배를 통해 무를 생산하고 도매시장 위주로 공급했다. 나가타 식품은 무 원료의 안정적인 확보를 위해 이바라기현 외에도 다른 지역 무 농장과 협업해 산지별로 출하시기를 조절하는 릴레이식 출하를 하여 무 생산회사로 유명해지기 시작했다.

나카타 식품

나카타 식품에서 생산되는 무는 지역의 토양에 맞도록 품종을 개량하여 시비 설계를 실시해, 안심하고 먹을 수 있는, 맛있는 무를 생산하는 회사로 알려졌다. 무의 안전성과 본래의 맛을 해치는 일이 없도록, 수작업으로 손질하며, 최신의 기기를 사용해, 커팅하고 있다. 또한 껍질을 벗긴 야채 쓰레기는 축산 농가와 협력하여 비료로 재활용하고 있다.

나카타 식품이 생산한 무

나카타 식품은 무 생산에서 그치는 것이 아니라 일본에서는 식당과 수산물 시장을 중심으로 횟감 받침용 무채 수요가 많지만, 공급업체가 거의 없어 새로운 틈새시장으로서 충분한 가능성이 있다고 판단해, 2009년부터 생산한 무를 무채로 가공해 공급하는 사업을 시작했다. 그리고 횟감 받침용 무채가 한번 사용되면 버려진다는 것에 주목하여 식품 가공업체와 공동으로 무채를 주원료로 한 드레싱 소스도 함께 개발했다.

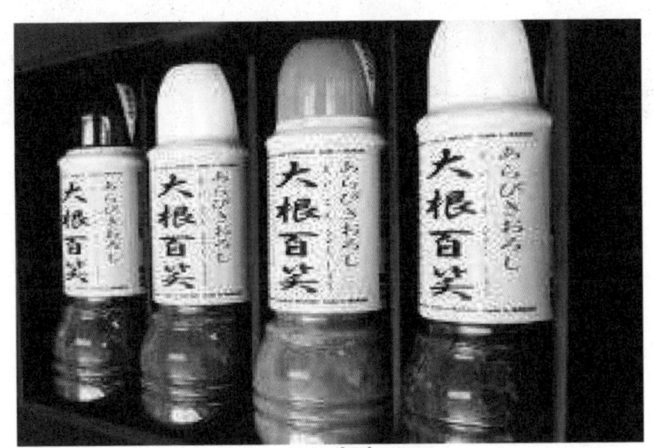

드레싱 소스

그 결과, 독특한 아이디어의 무채 드레싱 소스는 기대 이상의 호응을 얻으면서 현재 일본의 80여 개 유통기업과 외식업체에 납품되며 새롭게 부가가치를 만들고 있다.

나카타 식품은 식자재용으로 일식에 많이 곁들이는 갈은 무(大根おろし)도 공급하고, 가사마시에 미도리 노카제 직매장을 개설해 나가타 푸즈의 오리지날 드레싱이나, 직화 구운 돼지고기에 드레싱을 뿌린 식품을 판매하고 있다.

나카타 식품은 무를 매개로 사업영역을 꾸준히 확장하고 있다. 무 수확을 직접 체험하고 나카타 식품의 다양한 식품을 구입할 수 있는 무 농장체험 프로그램까지 운영하고 있다. 무 농장체험 프로그램을 통하여 고객은 농장을 방문하여 나카타 식품의 무 생산 과정을 체험할 수 있으며, 아이들에게 좋은 체험 프로그램으로 자리 잡아 많은 고객이 찾고 있다.

무 농장체험 프로그램

나가타 식품의 2022년 총매출액은 7억 5,000만 엔(약 75억 원)으로 설립 초창기와 비교해 6배 이상 증가했다. 또한 설립 초기에는 종업원 5명으로 시작하였으나 현재 60명으로 증가해서 지역주민의 고용 창출에도 큰 역할을 하고 있다.

4. 일본 노코보쵸자

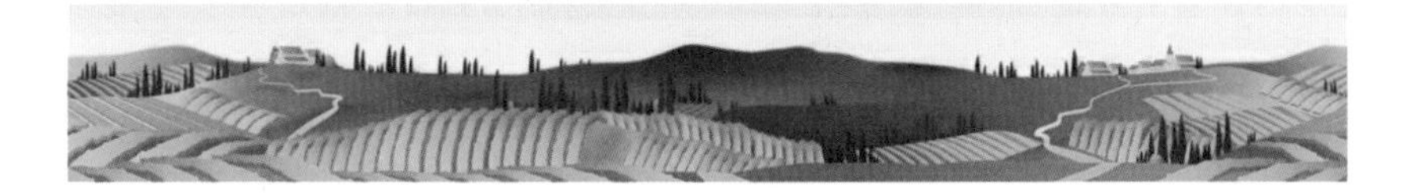

일본의 토야마현(富山県)에 있는 노코보쵸자(農工房長者)는 시장에 판매하지 못하는 규격 외 농산물을 이용하여 저렴하면서도 맛있는 다양한 디저트를 출시하여 시장에서 주목할 만한 6차 산업 성공사례가 되었다.

노코보쵸자 가공 공장

노코보쵸자는 원래 쌀을 생산·판매한 기업이었는데, 2007년부터 농가와 계약을 맺고 신선 복숭아를 생산하기 시작했다. 그러나 생산·유통과정에서 규격 외 복숭아 물량이 만만치 않아 처리 방법을 고민한 끝에 복숭아 디저트 메뉴를 개발하게 되었다.

일본 농산물 유통단계별로 엄격한 규격심사를 받으며 이를 통과한 상품만이 시중에 유통될 수 있다. 흠이 있거나 찌그러진 농산물은 물론 크기가 규격보다 약간 크거나 모양이 조금 맞지 않은 제품을 출하할 수 없는 경우가 많은데 이것을 규격 외 농산물이라고 한다. 규격 외 농산물은 맛도 좋고 품질에도 아무 문제가 없지만 상품 가치가 없는 규격 외 농산물이 유통과정에서 고정적으로 약 30% 발생하며 이들은 시중에 돌기도 전에 전량 폐기처분한다.

노코보쵸자의 경우에도 복숭아 생산·유통 과정에서 생긴 규격 외 복숭아 물량이 약 30% 정도 발생했다. 처음에는 노코보쵸자도 규격 외 복숭아 물량을 폐기 처분했으나, 처리비용 부담이 커 주스나 파르페, 타르트 등으로 가공해서 판매를 시작하였다. 노코보쵸자는 농장 내에 직판장과 농원 카페를 설치하여 디저트들을 판매하기 시작했으며, 매장을 찾은 고객에게 농장 체험 프로그램을 제공하였다.

도야마현 도나미시 고파에 있는 농원 카페 노코보쵸자

노코보쵸자 제품이 SNS를 통해 입소문이 나면서, 복숭아 디저트를 맛보기 위해 일부러 농장까지 찾아오는 소비자들이 점점 늘어났다. 이에 노코보쵸자는 '농장에서 당일 수확한 신선한 과일로 만든 디저트'를 전면에 내세우면서 눈에 쉽게 띄는 화려한 자줏빛 색상의 외관으로 된 디저트 카페를 개설했고, 현재 일본의 여성 소비자를 중심으로 크게 인기를 끌고 있다.

노코보쵸자 디저트 카페

농장 체험 프로그램

노코보쵸자는 복숭아 외에도 블루베리와 무화과, 딸기 등 재배 품목을 확대해 지역 식료품 기업들과 협업으로 다양한 디저트 상품을 개발, 판매하는 한편, 지역에서 유기농으로 재배한 쌀과 채소를 재료로 하는 런치 메뉴를 제공하는 등 부가 소득 창출에 적극 나서고 있다.

노코보쵸자는 설립 당시 3명의 농가로 시작했지만, 가공식품 제조와 외식업으로 확장하면서 지난해 기준 종업원은 22명으로 늘었고, 규격 외 농산물을 가공·판매하면서 농가소득 개선에 많은 도움을 주고 있다.

노코보쵸자가 개발한 다양한 디저트

5. 일본 후나가다 종합 농장

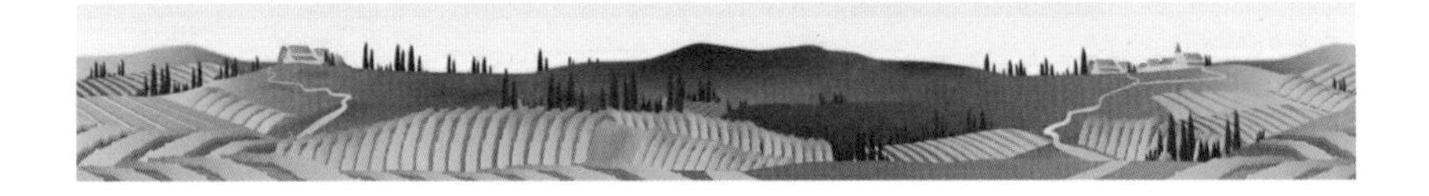

일본의 농촌은 1964년 동경올림픽 개최 후 일본 경제가 고도성장을 하면서 지역 중심 산업이던 농업의 인력이 다른 산업으로 유출되면서 쇠퇴의 길로 접어들었다. 후나가다(船方; ふなかた)의 65세 이상 고령자 비율은 현내에서 가장 높은 지역이 되었다. 이를 타개하기 위해 5명의 청년이 모여 융복합산업을 하기로 결심하고 이를 실천으로 옮겼다.

농산물의 생산을 기본으로 하는 후나가다 종합 농장(船方農場)을 설립하여 낙농 비육우를 축으로 원예, 벼농사, 퇴비, 과수, 시설원예 등 종합적인 농산물을 생산하는 체제를 갖추었다.

후나가다 종합 농장

그리고 가공·판매를 중심으로 하는 ㈜밀크타운 음식 판매와 농업 체험 등 교류 사업을 하는 ㈜그린힐, 꽃과 딸기를 생산하고 판매하는 교류 시설인 ㈜하나노우미(花の海)를 설립하였다.

이는 농산물을 생산하는 나가다 종합 농장은 1차산업, 농산물 가공 · 판매하는 ㈜밀크타운은 2차산업, 판매 시스템과 농장 개방 체험 활동 등 도시와 농촌의 교류 사업을 하는 ㈜그린힐과 ㈜하나노우미는 3차산업의 융합 결과이다.

가족 단위로 즐길 수 있는 바비큐 체험

후가나다 종합 농장의 특징은 다음과 같다.

첫째, 산간 지역에서도 조직적 농업을 전개함으로써 농업과 지역사회를 발전시켰다.

둘째, 농업의 범위를 농산물 생산 중심에서 벗어나 가공, 판매, 교류, 체험 등 폭넓은 시야에서 농업 분야를 확대하였다.

셋째, 농촌이 갖는 자원과 능력을 최대한 활용하여 생산, 유통, 판매, 서비스로 사업화하여 농촌의 융복합산업화를 구체적으로 보여주었다.

넷째, 그린투어리즘 등 도시 농촌 교류를 하며 무료 농장 개방을 통하여 농업 분야에 새로운 이정표를 세웠다.

그린투어리즘 개장 때 처음에는 1천 명에 불과했던 관광객이 점차 증가하여 20만 명으로 대폭 증가했다. 관광객의 증가로 인하여 상근 고용 인원 60명과 비상근 고용 인원은 600명에 이르는 대규모 농장으로 발전했다.

후가나다 종합은 농장 중심에서 벗어나 가공과 직접 판매 그리고 체험관광에 중점을 둔 농업으로 변신하여 총매출액도 크게 증가했을 뿐만 아니라 농촌 지역 활성화 사례로 인기를 끌고 있다. 이는 인구가 점점 줄어가던 농산촌 지역인데도 불구하고 소비자 중심의 기업적인 농업경영으로 농업을 융복합산업화 할 수 있다는 것을 보여 준 것이다.

후나가다 농장에서 가공한 햄과 소시지

6. 일본 사이보쿠 농업 공원

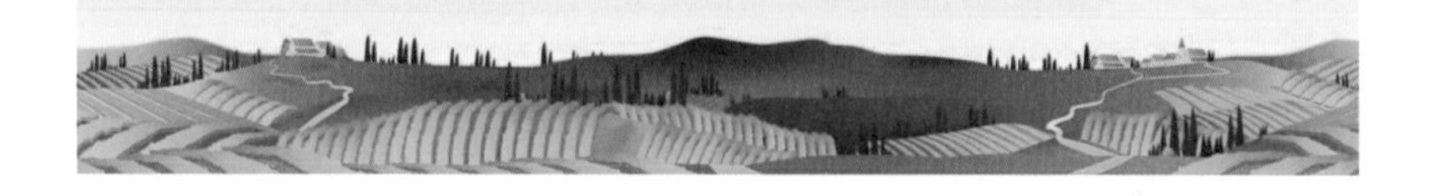

도쿄에서 가까운 사이타마현 히다카시 지역에 있는 사이보쿠(サイボク) 농원은 1946년 나가사키 출신의 창업자 다츠오씨에 의해 돼지고기 정육점에서 시작했다.

사이보쿠농원은 면적 9ha에 소지지와 햄 공장을 비롯해 가공품 공장을 비롯해 채소 판매장, 천연온천이 이어져 있으며, 3개의 목장에서 기르고 있는 돼지를 이용한 1차산업을 시작으로 햄, 소시지를 가공하는 2차산업과 농원에서 생산된 농산물로 된 음식을 파는 레스토랑 등 3차산업이 아우러져 있다.

사이보쿠농원

현재 사이보쿠농원은 농업계의 디즈니랜드로 알려져 있으며, 연간 4백만 명이 찾는 명소이다. 사이보쿠농원 안에는 관광객들을 위한 다양한 체험 시설을 운영하고 있으며, 특히 아동을 위한 놀이터와 체험 프로그램들을 운영하고 있어 가족 단위로 찾는 곳이기도 하다.

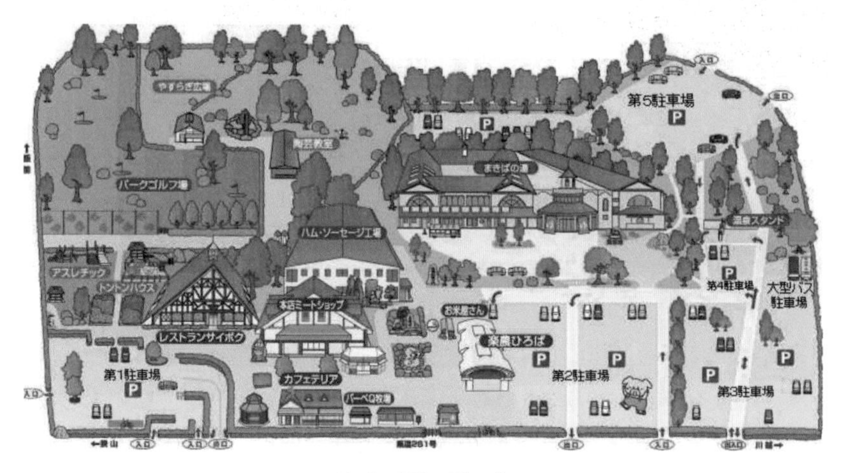

사이보쿠농원 지도

사이보쿠농원은 '푸른 목장에서 식탁'까지라는 슬로건으로 생산에서 판매까지 일괄 시스템을 갖추고 있으며, 돼지고기 직매장과 식당의 경영으로 '미트 토피아(meat topia: 고기와 이상향의 신조어)'의 구상을 실천하고 있다. 사이보쿠농원에서 판매하는 돼지고기는 맛이 진하고 육즙이 부드러운 것으로 유명하다.

최근에는 '아그리 토피아'를 선언하여 고기 중심의 일관 공급 체제를 농업 전 부문에 확대하여 지역의 농림 공원을 만드는 등 생산, 판매, 서비스까지 제공함으로써 낙농의 관점에서 여유로움과 평안함을 제공하는 이상향을 실천하고 있다. 그리고 농원에서 나온 퇴비를 이용하여 채소를 생산하고 판매하는 직매장을 개설하여 고객들에게 건강 먹거리를 제공하고 있다.

사이보쿠 농산물 판매

사이보쿠농원은 방문한 고객들에게 농산물에 대한 올바른 선택 가이드라인을 제공하고 '心友(심우)'라는 월간 정보지를 10만 부씩 발행하여 무료 배부하여 사이보쿠농원을 홍보하여 안전한 먹거리를 위한 일본인들의 방문을 유도하여 계속 수익이 증가하고 있다.

사이보쿠농원은 현재 연 700억 엔의 수입을 올려 농산물 생산에서 그치지 않고 가공하여 부가가치를 높이고 이를 판매하고 서비스하여 농가소득을 증대할 수 있다는 것을 보여주었다. 관광객의 증가는 농원의 근무자 증가로 이어졌으며, 지역주민들의 활력을 회복시켰다.

7. 일본 하코네 목장

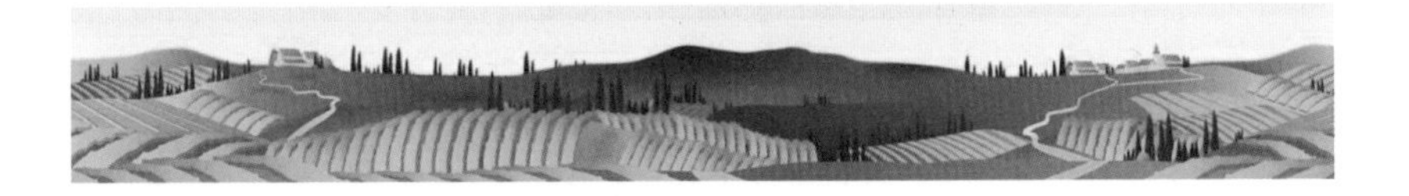

삿포로에서 가까운 곳에 1,000명 정도가 사는 우마지무라라는 산골에 하코네(箱根) 목장이 있다. 우마지무라는 산골에 위치하고 있기 때문에 임업으로 생계를 꾸려나가던 곳이었다. 시대가 변해서 임업이 어려워지자 고온다습한 경사지를 이용하여 유자를 재배하게 되었다. 그러나 농가 대부분이 고령이고 겸업농가여서 품질 좋은 유자 생산이 불가능한 현실이었다.

이러한 현실 속에서 농촌 경제를 활성화하기 위해서 자연스럽게 유자 가공품으로 진로를 틀 수밖에 없었다. 그러다 1980년대부터 우마지무라농협은 6차산업화를 적용하기로 결정하고, 유자를 생산하였다. 우마지무라농협은 유자를 생산하는 1차산업에서 유자를 가공하는 2차산업과 판매를 하는 3차산업을 진행하였다.

하코네 목장 전경

우마지무라농협은 유자를 생산해서 30여 종의 가공품을 생산해서 직접 판매하여 연간 30억 엔의 매상을 올렸다. 처음에는 직접 판매하다 택배 주문 판매를 넓혀 고정 단골 고객이 35만 명까지 증가하였다. 증가한 고객을 관리하기 위하여 농협만의 콜센터와 발송센터를 별도로 운영할 정도로 성장하였다. 그러나 우마지무라농협은 시간이 지날수록 주변 지역에서 비슷한 경쟁제품들을 생산하면서 경쟁이 심해져 결국 우마지무라농협에서 생산한 제품의 판매가 줄어들었다.

소타기 체험 프로그램

우마지무라농협은 새로운 수익원을 창출하기 위하여 하코네 목장을 만들어서 소를 키우고, 소고기를 생산하여 판매하였다. 이를 통하여 입소문을 타고 하코네 농장을 방문하는 사람들이 많아지자 농장에서 나오는 각종 유제품을 만드는 체험학습을 전개하면서 인기를 끌게 되었다.

결국 관광객의 증가로 인하여 수익이 늘어나자 마을 전체를 관광상품으로 개발하였다. 그리고 지역자원을 연계하여 연어낚시와 풀코스 마라톤 대회를 열어서 연간 10만 명의 관광객이 찾고 있는 명소가 되었다. 자연스럽게 관광인구의 증가는 지역의 경제를 활성화하였고, 하코네 목장에서 일하는 직원이 증가하여 지역주민의 고용효과를 가져왔다.

우마지무라농협에서 만든 하코네 목장이 6차산업을 통한 지역 활성화 운동으로 높이 평가되어 1995년 아사히 농업상을 받았으며 곧 유자 화장품 및 테마파크도 조성하여 더욱 많은 관광객들을 유치할 계획이다.

하코네 목장 체험

8. 호주 템버레인 포도 농장

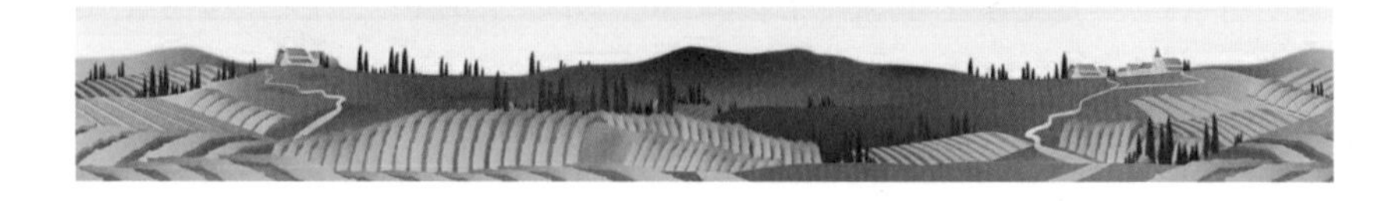

호주 템버레인(Tamburlaine) 포도 농장은 시드니에서 2시간 거리의 뉴사우스웨일즈주 헌터밸리에 있다. 헌터밸리는 호주에서 가장 오래되고 유명한 포도주 주산지로 포도주 농장만 150여 곳이 있다. 원래는 포도를 재배하여 생산하는 1차산업이 주를 이루었다.

템버레인 포도 농장이 유명한 이유는 호주에서 유기농으로는 가장 큰 100ha 규모의 포도 농장이기 때문이다. 모든 작업이 기계화되었기 때문에 양질의 유기농 포도를 생산하는 것으로 유명하다. 농장에서는 양질의 유기농 포도를 생산하기 위하여 화학비료·살충제·제초제를 전혀 사용하지 않는다. 처음에 유기농으로 포도를 재배하다 보니 생산량은 많이 떨어졌지만 3년이 지난 후부터는 비슷한 수준으로 수확하게 되었다.

템버레인 포도 농장

템버레인 포도 농장은 포도 생산에 그친 것이 아니라 농장에서 생산되는 유기농 포도를 이용하여 포도주를 가공하는 2차산업까지 운영하고 있다.

템버레인 포도주는 유기농으로 재배한 포도에 야생효모를 넣고 12개월간 숙성을 시킨다. 12개월이 지나면 적포도주가 만들어지고, 이것을 8개월 정도 숙성하게 되면 백포도주가 된다. 그리고 일부는 8~9년간 숙성시켜 프리미엄 브랜드로 출하한다.

템버레인 유기농 포도주는 고유의 맛과 향이 살아있고 항산화물질·비타민·미네랄이 풍부해 건강에도 좋다. 호주에서 가장 권위 있는 포도주 평가기관으로부터 최고등급 '별 5개'를 받았다.

포도주의 연간 생산량은 1,200만 병 수준으로 매출은 1000만 호주달러가 넘는다. 생산한 포도주의 80%는 자국에서 소비하고 20%는 한국을 비롯해 중국·미국·싱가포르 등으로 수출한다.

템버레인 포도주

템버레인 유기농 포도주가 유명해지면서 직접 농장에 찾아와 포도주를 맛보고 사가는 소비자들도 증가하였다. 연간 농장을 찾는 관광객만 3만 명에 육박한다. 그리고 SNS를 이용해 농장을 홍보하기 때문에 이를 보고 찾아오는 전 세계의 소비자들도 증가하였다.

농장에서는 방문하는 소비자들을 위하여 포도주 체험농장, 고급 레스토랑, 요리학교, 박물관, 골프장 등 관광 인프라도 두루 갖추어 3차산업을 시작하였다. 그리고 포도 농장에서는 결혼식장도 운영한다. 친환경 포토밭을 배경으로 야외 결혼식을 하고 결혼식이 끝난 후엔 실내 연회장에서 식사와 포도주를 제공한다. 그리고 1년 내내 재즈·오페라 공연이 포함된 맛있는 음식과 포도주 이벤트 행사가 열린다.

템버레인 포도 농장은 1차산업 유기농 포도 재배, 2차산업 포도주 가공, 3차산업 결혼식장 운영을 통해 융복합산업화를 잘 이끌어가고 있다.

템버레인 포도 농장 와이너리

9. 뉴질랜드의 6차산업

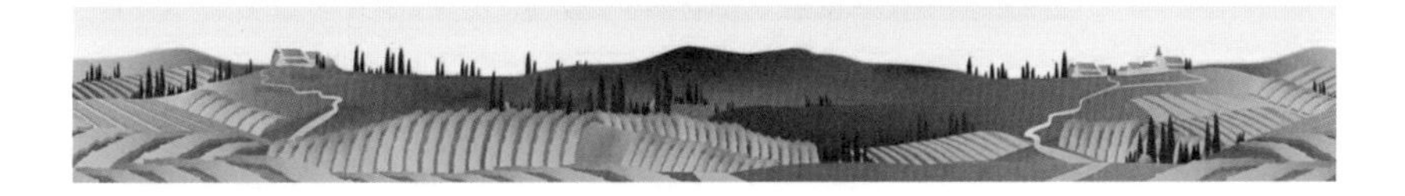

뉴질랜드는 넓은 초원을 갖고 있기 때문에 자연스럽게 양과 소를 키우는 목장이 많다. 뉴질랜드에서는 사람보다 가축이 많은 나라로 유명하며, 우리나라는 식량의 76%를 수입하는 반면, 뉴질랜드의 농촌은 농산물 수출이 나라 전체 수출의 50%를 넘는 수출농업 강국이다.

뉴질랜드는 농업생산의 90%를 수출하기 때문에 1950년대에 세계에서 소득이 가장 높은 국가였다. 그러다 주 수출국이었던 영국이 EC(유럽공동체)에 가입하면서 타격을 입고, 이후 오일쇼크와 환율억제로 수출가격 하락, 농자재 가격 상승, 인플레이션 등의 악재가 연속적으로 발생하여 농업의 수익성이 크게 악화되기 시작했다.

뉴질랜드 정부는 1차산업으로는 더 이상 뉴질랜드의 경제성장을 이끌기 어렵다는 판단 아래 농축산물의 경쟁력을 높이기 위하여 농민을 중심으로 품목별로 전문조직을 만들어 품목별 전문화를 하였다. 그리고 3차산업인 관광과 연계하여 뉴질랜드는 자연환경이 깨끗하고 아름다운 나라로서 관광 대국으로 성장하였다.

1) 폰테라(Fonttera) 낙농

폰테라는 뉴질랜드 낙농가 90% 이상이 가입한 협동조합 기업이다. 폰테라는 2001년에 최대 협동조합 2개를 합병하여 만들어졌다. 지금은 한국을 포함해서 140개국에 우유제품을 공급하는 세계 최대의 낙농 수출기업이 되었다.

폰테라에서 생산하는 낙농 제품의 총매출은 연 110억 달러에 달하고 있으며, 뉴질랜드 수출의 무려 25%를 차지하고 있어 '뉴질랜드의 삼성전자'라고도 한다.

폰테라 낙농공장

폰테라는 지속적인 성장을 위해서 한해 1억 달러 이상을 연구개발에 투자하여 신제품을 개발하고 있다. 폰테라가 세계적인 낙농 기업으로 성장한 원인은 조합원의 힘을 모으고 경영의 과실을 고루 나누는 협동조합의 정신으로 운영되기 때문이다.

폰테라 낙농 제품

2) 제스프리(Zespri) 키위

제스프리라는 세계적 브랜드는 키위를 수출하는 협동조합 기업이다. 2000년에 2,700명이 모여서 창립해 불과 10년 만에 놀라운 성장을 하였다. 2000년에는 4억 5,900만 뉴질랜드 달러에 불과하던 수출이 2009년에는 10억 700만 뉴질랜드 달러로 급성장했다.

제스프리는 세계적 브랜드로 만들기 위하여 수출마케팅 기업 말고도 선별과 포장, 운송에 이르기까지 다양한 자회사를 세워서 적극적인 마케팅을 하였다. 뉴질랜드 정부는 1999년에 키위 수출창구를 단일화하는 법을 제정해 제스프리 같은 품목별 협동조합 기업들을 지원하는 아주 강력한 정책을 추진하고 있다. 이로 인해 제스프리에 가입한 농가들은 소득이 극대화되고 있다.

제스프리가 성공할 수 있었던 원인은 키위 농가 모두의 힘을 제스프리라는 마케팅 전담 회사 하나로 모았기 때문에 기술혁신과 수출역량을 키우고 높은 가격을 받을 수 있게 되었다.

제스프리 키위

3) 마마쿠(Mamaku) 블루베리 농장

마마쿠 블루베리 농장은 오클랜드에서 북섬의 아랫 쪽인 로토루아 근처에 있다. 마마쿠 블루베리 농장은 20ha의 대지 위에 1980년대에 설립되었으며, 뉴질랜드에서 가장 큰 불루베리 와이너리이기도 하다.

농장에서는 블루베리의 생산만으로는 한계가 올 것이라는 빠른 시장변화를 인지하고 생과 판매에서 6차산업으로 융복합화를 추진하고 있다.

마마쿠 블루베리 농장에서는 상품의 차별화를 위하여 벌을 이용한 수분, 토양침식과 수분 증발 억제를 위해 초지를 조성하고, 화학비료와 농약사용을 금지하여 유기농으로 생산하고 있다.

처음에는 생과를 생산해서 판매하였지만, 부가가치를 높이기 위하여 1992년에는 와인 제조를 시작하였으며, 2001년부터는 잼, 와인, 아이스크림, 농축액, 젤리, 주스, 핸드크림, 비누 등으로 상품을 다양화했다. 블루베리의 연간 생산량은 200톤으로 70%는 냉장 유통(수출)하고 있으며, 20%는 직접 가공하여 판매하고 있으며, 상품성이 떨어지는 10%는 폐기된다.

마마쿠 블루베리 농장

블루베리의 수확 시기가 짧아서 수익이 한 시기에 몰려 있기 때문에 수익을 연중 지속적으로 발생하기 위해서 수확 시기가 다른 다양한 종류를 심어서 오랫동안 블루베리를 생산한다.

농장에서는 블루베리 열매와 가공품을 판매하는 판매점과 식당을 같이 운영하며, 관광객의 증가를 위하여 체험 프로그램을 운영한다. 체험 프로그램으로는 열매 따기, 조랑말, 양떼 먹이 주기, 주스 가공하기 등 다양한 프로그램을 운영하고 있으며, 로토루아라는 주변에 있는 뉴질랜드의 유명 관광지와 연계하여 체험 프로그램을 활성화하고 있다. 농장인력으로는 워킹 홀리데이를 활용하고 있다.

마마쿠에서 생산된 블루베리와 블루베리 주스

10. 중국 용두기업

중국의 농민들은 사회주의 국가이기 때문에 국가에서 배분된 땅을 경영할 수 있는 권리를 가지고 있으나, 농민의 수가 엄청 많기 때문에 농가당 받은 농지 면적이 작아 농가가 영세한 편이다.

중국의 영세한 농업구조에서 시장개방이 확대됨에 따라 갑자기 농산물 수입이 증가하고, 이것이 국내 농산물 가격의 하락을 초래하여 소득이 감소하는 현상이 나타나고 있다. 뿐만 아니라 우리나라와 마찬가지로 경제의 고도성장 과정에서 도농 간 소득 격차가 확대되는 것도 문제로 등장하였다. 이로 인한 농민들의 불만이 증가함에 따라 중국 정부에서는 노동간 소득 격차 해소를 위하여 6차산업을 추진하였다.

용두기업 간판

중국에서의 6차산업은 시장개방에 대응하기 위하여 농업에서 마케팅 능력이 높으며, 선도할 수 있는 용두기업(龍頭企業)을 만들었다. 중국은 사회주의 국가이기 때문에 협동조합이 자생하기 어려웠기 때문에 기업형태를 띤 용두기업은 농외기업이라고도 하며, 우리나라의 영농법인과 비슷한 기능을 한다.

용두기업의 로고

용두기업은 생산을 계열화하여 영세농가들과 계약을 통하여 농가를 지역단위로 조직화하여, 종자나 비료 등 생산 자재를 제공하고 기술 지도를 해주며, 계약 농가가 생산한 농산물을 매입해준다. 이로써 농가에서는 양질의 농산물을 생산하고, 생산비용을 줄여 경쟁력을 키우고, 시장교섭력을 강화하여 농공 간 균형발전을 도모하였다.

용두기업과 농가 간의 계약 관계는 이익증대를 목적으로 하되, 손익을 공유하고 위험을 부담하는 거래이고, 주로 축산, 채소, 곡물 부문에서 전개되고 있다.

중국 농업의 생산 계열화는 1988년 산둥성의 채소 산지에서 최초로 시작되어, 전국적으로 확산되고 있다. 이를 지원하기 위해 1995년 중국 농업부는 '농업산업화 판공실'을 설치하여 산업화 경영을 확산하기 위한 지도를 시작하였다. 이에 의하여 농업부는 국가급 용두기업, 성정부는 성급 용두기업, 시는 시급 용두기업을 각각 지정하도록 하였으며, 용두기업에 대해서는 세금 감면 및 우대융자 등의 조치를 강구하도록 하였다. 중국의 융복합산업화로 성공한 사례를 보면 다음과 같다.

1) 윈난성 융격난원예공사(隆格蘭園藝公司)

윈난성은 중국의 남서부에 위치하고 있으며, 화훼농가들이 많다. 융격난원예공사(隆格蘭園藝公司)는 백합, 난초, 장미, 카네이션, 코스모스 등의 화훼류를 직접 생산하거나 농가들과 계약 생산을 병행하여 생산물을 직접 판매한다.

융격난원예공사에서 생산하는 화훼

융격난원예공사에서 만든 난초

융격난원예공사는 400만 위안을 투자하여 토지를 개간하여 지방정부로부터 50년간 임차하여 화훼 생산을 하면서도, 인근 농가들과는 계약거래를 한다. 계약재배하는 면적은 6개 지역에 걸쳐 33ha에 달한다. 그리고 네덜란드 화훼 전문가를 초빙해 장기간 기술 전수를 받았으며, 이로 인해 중국에서 최고 품질의 화훼를 생산하고 있다.

계약방식은 농가와의 개별적인 계약이 아니라 농가를 대표하여 촌민위원회와 기업 간의 계약을 한다. 기업은 계약한 농가에게 종자 또는 종묘를 공급하고 생산기술을 지도한다. 생산된 화훼는 기업이 전량 매입한다. 판매는 인근 선전지역의 기업에 위탁판매를 주로 하며, 일부는 수출을 통하여 판로를 확대하고 있다.

2) 푸젠성 감귤재배기업

푸젠성(福建省)은 중국의 남쪽에 위치하고 있기 때문에 용안, 여지, 바나나, 파인애플, 감귤, 비파 등의 과일이 많이 난다.

푸젠성 감귤재배기업(福建省柑橘种植企业)은 감귤과 채소를 생산하는 회사를 1986년에 설립하였다. 감귤재배기업이 보유한 토지는 촌민위원회 소유를 포함하여 감귤 재배를 위한 토지는 200,000㎡, 채소 재배를 위한 토지는 40,000㎡에 달한다.

푸젠성 감귤재배기업에서 생산하는 감귤

푸젠성 감귤재배기업에서 생산한 포멜로

감귤재배기업은 감귤을 직접 생산하기도 하지만, 농가와 직접 상담하여 농지를 확보하고 전체 토지에서 생산한다.

감귤재배기업은 농기계나 트럭을 구입하여 사용하고 대량 생산을 하고 있으며, 집하 보관시설을 설치하여 생산량을 극대화하고, 생산단가를 낮추어 유명해졌다.

생산된 감귤은 국내에 일부를 판매하고, 나머지는 해외로 수출하고 있다. 주문량이 많아지고, 수익이 높아짐에 따라 인근 지역의 농가도 참여를 원하고 있어 점차 경영 규모를 확대하고 있다.

푸젠성 감귤재배기업

제6장

한국의 융복합산업 성공사례

1. 양구군 산채비빔밥

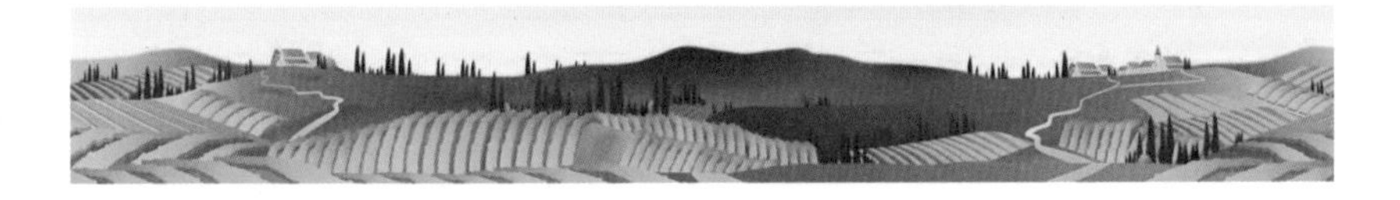

강원도 양구군은 산채로 융복합산업을 성공시킨 지역이다. 양구는 우리나라의 정중앙에 위치하고 있으며, 산으로 둘러싸인 분지 지형으로 인구는 23,000명이다.

양구는 산으로 둘러 쌓여 있기 때문에 임산물이 많이 나며, 특산물로는 더덕·도라지·고비·고사리·싸리버섯·느타리버섯·송이버섯 등이 많이 채취된다. 그러나 1차산업으로는 특별한 경쟁력을 갖지 못했기 때문에 2차산업을 시작하게 되었다.

양구군

유통기업은 양구의 산채가 경쟁력이 있다고 생각하여 양구군에 산채를 납품할 것을 제안하였다. 양구군 '통일 고랭지 영농조합 법인'은 산나물을 활용한 산채비빔밥 상품을 ㈜GS리테일에 제공함으로써 2010년 '양구 산채비빔밥'이 시장에 선보였다.

양구 산채비빔밥은 현재 전국 5,100여개의 GS 24시 편의점을 통해 판매하며 연 44억 원의 매출을 기록하였다. 양구 산채비빔밥은 소비자들에게 신선도가 높은 산채비빔밥을 전자레인지에 데워 먹을 수 있는 편의성으로 우수한 평가를 받고 있다.

산채비빔밥이 성공하게 된 원인은 즉석 조리식품이나 신선식품의 매출이 지속적으로 증가하고 있는 점과 간편식을 찾는 소비자의 선호도 변화, 1인 가구 등의 증가를 염두에 두고 도시락을 만들어서 납품했기 때문이다.

산채를 공급하는 통일고랭지 영농조합법인은 산나물의 특성상 채취 시기가 있고, 전국 체인인 ㈜GS리테일에 납품하는 데는 수량적 한계가 있어, 양구 주변의 강원도 인근 지역과의 협업을 통해 납품하였다.

양구 산채비빔밥

2. 서부 충남 마블로즈

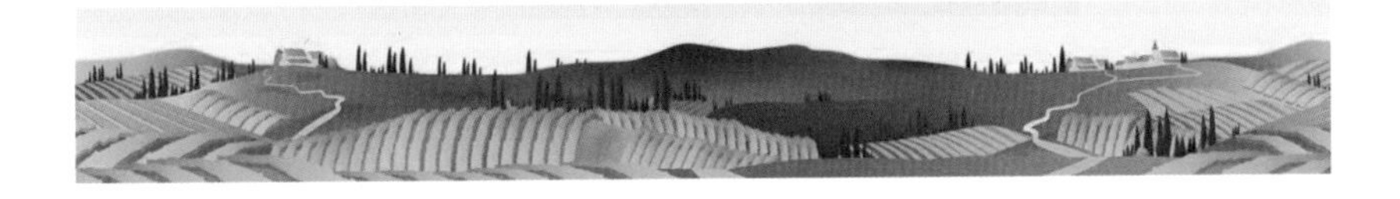

충청남도의 양돈 사육두수는 전국 22%를 차지하고 있으며, 그중 7.5% 이상이 보령과 홍성에 집중되어 있다. 이에 2005년도에 9개 농장이 협력하여 공동영농조합법인 농가원을 설립하여 사료 사업을 전개해왔다. 이를 기반으로 하여 2009년도에 농가원이 중심이 되어 보령시 16농가, 홍성군 43농가 등 총 59농가가 참여하여 농업회사법인 ㈜행복을 만들었다.

공동영농조합법인 농가원

농가원에서는 기존에 해왔던 종돈, 사료, 분뇨 처리 서비스를 ㈜행복에 참여한 모든 양돈 농가에게 지원해주고, 양돈농가는 소정의 수수료 정도만을 부담하도록 하였다. 양돈 농가들은 지금까지 개인적으로 해오던 일들을 대폭 줄이고, 과학적인 지원을 통하여 돈육 품질을 고급화시켰을 뿐만 아니라, 2% 정도의 비용 절감 효과를 가져왔다.

홍성군의 농가들은 돈육 차별화를 통해 수익사업을 하겠다는 목표로 2009년 서부 충남 고품질 양돈 클러스터 사업단을 만들어 고품질 돈육을 생산하기로 하였다. 그래서 사료에 어분을 첨가하여 DHA가 강화된 돼지고기를 개발하고, 유채꽃을 사료에 첨가하여 오메가3 돼지고기를 개발했다. 오메가 3 돼지고기는 일반 돼지고기에 비해 40배 정도의 높은 함량을 가지고 있으며, 시험평가에서 1+등급 우수 인증을 받았다.

농가들은 고품질 돈육을 판매만 하기보다는 마블로즈를 공동 브랜드로 만들어, 마블로즈 직매장과 '돼지카페 마블로즈'라는 브랜드를 만들어서 체인점을 전국적으로 개설하고 있다. 또한 양돈 체험 센터를 만들어서 체험 프로그램을 운영하고 있으며, 가공 공장을 직접 운영하고 있다.

마블로즈 체험장

마블로즈 직영판매장

또한 돼지고기의 선호 부위는 전부 판매하며, 비선호 부위는 소시지 및 햄으로 만들어 생산하고 있다. 다른 회사는 외국산 폐돈 등을 사용하여 소시지나 햄을 만드는 데 비해 국내산 돼지고기를 사용하고 있는 점에서 차별화되고 있으며, 외국으로 수출도 모색하고 있다.

향후에는 보다 다양한 돼지 가공상품을 개발하여 지역 내에서 비육되는 돼지의 소비처를 안정적으로 구축하려는 계획도 가지고 있다.

참여 농가에 대해선 양돈 비용을 낮출 수 있는 공익적 서비스를 제공하고 있으며, 한편으로는 돼지와 관련된 새로운 비즈니스 모델을 개발함으로써 수익사업을 동시에 추진하고 있다. 수익사업을 통해 얻어지는 이익금 중 일부는 참여 농가에게 배당금으로도 환원되고 있다.

3. 제천시 약채락

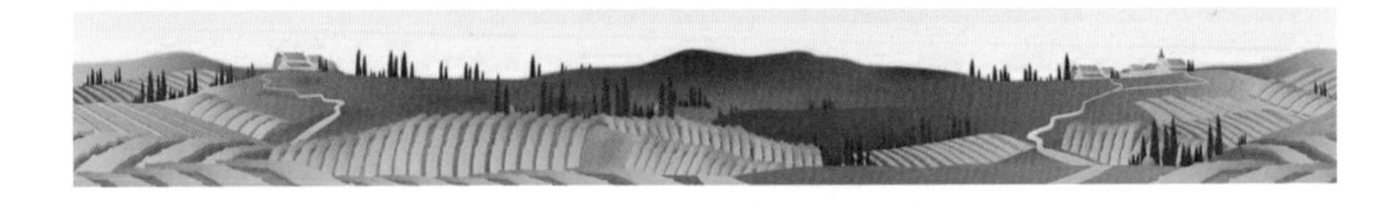

충북 제천은 한방과 참살이(웰빙)에 대한 관심이 점차 높아지는 시대적 흐름에 맞춰 중부 지방 최대의 한약재 집산지인 제천의 약초를 홍보하고 차별화하기 위하여 제천한방건강축제, 국제한방바이오엑스포를 개최하고 있다.

상대적으로 먹을거리가 부족했던 제천시는 지역의 특색 있는 향토 음식을 개발하고 이를 특성화하기 위하여 약초를 첨가한 건강 비빔밥을 만들어 약채락이라고 브랜드화하였다. 제천시청의 주관 아래 메뉴를 만들어 약채락을 팔 식당들을 공모하여 5개 업체를 선정하여 메뉴를 전수하였다. 현재는 9개의 가맹 식당이 영업 중이다.

약채락 메뉴

약채락은 제천에서 생산된 약초 중에서 우수 농산물로 인증된 제천 황기, 오가피, 뽕잎 등의 약초를 첨가한 건강 비빔밥이다.

약채락 비빔밥

황기는 제천을 대표하는 한약제로서 우리나라 황기 생산량 중 약 70%가 생산된다. 황기는 뿌리만 약재로 사용하고, 잎은 버렸는데, 비빔밥의 재료로 활용됨으로써 또 다른 소득원이 되어 폐기물을 줄여 환경도 보호하고, 소득도 증대하는 일석이조가 되었다.

약채락은 제천을 찾는 관광객들이 건강을 위해서 꼭 찾는 향토 음식이 되었다. 이로 인해서 지역 농산물의 소비를 늘리고, 관내 외식업체도 수입이 증대하게 되었다.

현재 가맹 식당에 찾아오는 손님들을 보면 평일에는 관광객 7 : 지역민 3이고, 주말에는 반대로 지역민 7 : 관광객 3의 이용 형태를 보여 주말보다는 평일에 관광객이 더 많이 방문하는 것으로 추정되고 있다.

가맹점의 난립을 막기 위해 공공기관에서 메뉴 및 가격 등에 대한 통제 및 관리가 꾸준히 이어지고 있다. 가맹점 자체 전략회의가 한 달에 1회 정도 이루어지고 있고, 신규 가맹점에 대해서는 자체 심사 기준에 따라 선정하고 공공기관에서 최종 승인하는 형태로 진행되고 있다.

4. 보성군 보향다원

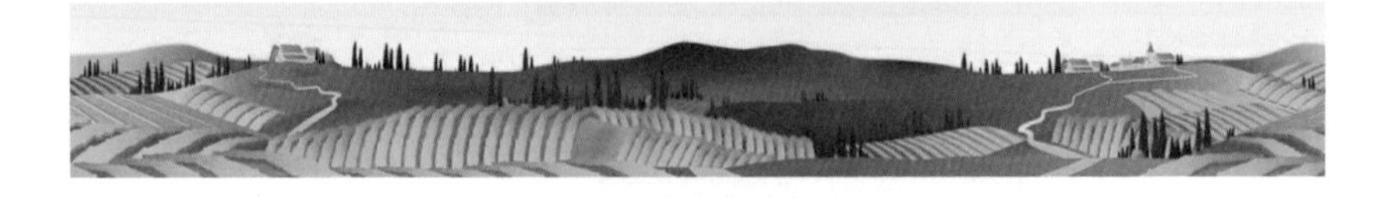

전라남도 보성군은 다양한 한국 전통문화의 고장이며, 한국 차 문화의 본고장이다. 보성읍에 위치한 보향다원은 1937년부터 땅을 개간하여 2만 평의 땅에 각종 과일나무와 차나무를 심어 80년의 역사를 지니고 있다.

보향다원 전경

보향다원의 차가 유명한 것은 농약과 화학비료는 물론이고 제초제와 가축분뇨도 쓰지 않아 국내 최초로 국내 유기농산물 인증과 미국 일본 유럽에서 국제 인증을 받았으며, 친환경 인증도 받았다. 농약을 쓰지 않아 생산량이 20%~30%밖에 되지 않지만 안전한 먹거리를 제공하겠다는 철학을 유지하고 있다.

2009년 세계 최초로 금(金) 용액을 보관하여 황금차를 개발하는 데 성공하였고, 황금차는 보향다원을 상징하는 세계적인 대표 차 브랜드로 성장하기 시작했다. 2015년 12월에는 농업 소득 증대 및 산업 발전 유공으로 인한 대통령 표창을 받았다.

보향다원은 매년 2만여 명의 사람들이 찾고 있는 관광코스가 되어, 다원을 찾는 관광객들에게 하룻밤을 넉넉히 지내며 차 체험을 할 수 있도록 다원 내 펜션을 운영하고 있다.

보향다원은 1차 농산물은 찻잎 생산을 하고 있으며, 2차 가공품은 금차, 쑥차, 녹차, 홍차가 있으며 3차산업으로는 차 만들기 체험, 음식 만들기 체험, 문화예절 체험을 하고 있다.

보향 금차

5. 고흥군 에덴식품

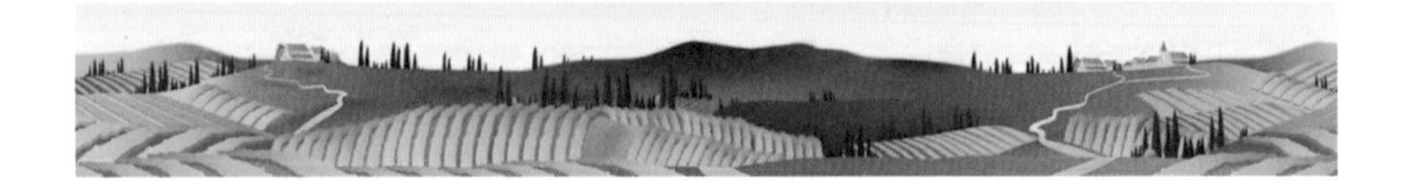

전라남도 고흥군은 고흥반도와 유인도 23개, 무인도 207개로 이루어져 있다. 영농 조합법인 에덴식품은 두원면에 위치하고 있다. 고흥군의 특산물은 삼지닥나무, 취나물, 유자, 김, 미역, 톳 등이 있으며, 피조개·키조개 등 각종 조개류가 양식되고 있다. 특히 유자는 고흥의 특산물로 군의 전 지역에서 많은 양이 생산되고 있다.

에덴식품의 위생적인 생산 공정

에덴식품에서는 에덴농원을 만들어 1991년부터 유자를 재배하면서 생산된 유자를 가공하는 회사로 시작하였다. 나중에는 석류 재배도 추가하였다.

에덴식품의 유자와 석류는 온난한 기후와 알맞은 해풍 등 지리적 영향으로 상큼한 향과 맛이 뛰어나 소비자로부터 인기를 얻고 있다. 에덴식품에서 만든 유자와 석류 제품들은 웰빙 시대에 맞추어 무농약 유자와 석류를 사용하고, 유기농 설탕 원료만 고집하여 만들고 있다.

전국 최초 친환경 유기농 가공식품 인증을 받았으며, 2010년에는 석류 소득 왕으로 농림식품부의 상을 받기도 하였다. 에덴식품은 할랄 인증까지 득하여 수출 가능성을 염두에 두고 추진하고 있다.

에덴식품은 1차산업으로는 유자와 석류 재배로 농산물을 생산하고 있다. 농산물을 천연 미생물 제제와 친환경 제제 등을 이용하여 유기농 무농약 재배를 하고 있다.

에덴농장의 유자차

에덴농장에서 자체 재배한 원료를 사용하면서 지역의 25 농가로부터 유기농 석류 18톤을 납품받아 가공하고 있으며, 무농약 유자는 300톤을 고흥 유자 연합회로부터 납품받아 사용하고 있다.

2차산업으로는 유자와 석류로 액상차, 과채, 음료, 분말류, 초콜릿 가공품 등 다양한 제품군을 개발하고 있다.

3차산업으로는 15만 소비자 회원에게 볼거리와 체험 거리, 놀거리, 즐길 거리를 만들어 매년 친환경을 갈망하는 소비자 단체의 방문으로 농산물 수확 체험, 유자 따기 체험, 가공식품 차 만들기 초콜릿 만들기, 공산품 천연 비누 만들기, 농장 견학 체험, 농장 둘레 길, 농장 견학, 가공 시설 견학 등을 실시하고 있다.

에덴농장 유자 따기 체험

6. 나주시 명하햇골

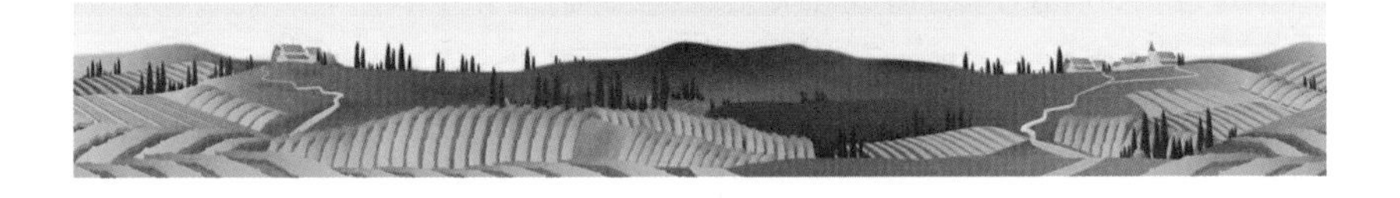

전라남도 나주시 문평면은 노령산맥의 지맥이 대부분을 차지하는 산간지대로 메론·딸기·포도 등 고소득 작목으로 전환하고 있으며 산지가 많아 목재 생산도 많은 지역이다.

사회적 기업인 ㈜명하햇골은 문평면 북동리는 39가구가 사는 작은 산골 마을이다. 북동리는 과거에 쪽 염색을 생업으로 삼는 집이 많았으나 1950년 이후 그 맥이 끊겼다. 1974년 일본에서 들여온 쪽 씨앗을 발아시켜 다시 재배하면서 전통을 살리려는 마을주민들이 2012년 명하햇골을 설립해 2014년 사회적 기업 인증을 받았다.

염색 체험

㈜명하햇골은 쪽을 이용하여 천연 염색하여 의류, 액세서리, 비누 등의 20여 종을 다품종 소량 주문 생산을 통해 판매하고 있다. 쪽 재배부터 쪽으로

염색한 천을 활용해 옷과 가방, 열쇠고리, 지갑 등 다양한 제품 만들기, 체험 프로그램, 축제 등 모든 과정이 주민들과 함께 이루어지고 수익도 골고루 나눈다.

천연 염색 악세서리

㈜명하햇골의 1차산업은 마을 쪽 작목반이 있어 쪽 재배 및 생산을 하고 있다. 2차산업은 생산된 쪽을 천연 염색으로 제품 생산과 판매를 하고 있다. 3차산업은 천연 쪽 염색 교육 및 체험으로 초등학교 방과 후 학습 일반인 대상 체험 및 교육 등 다양하게 진행되고 있다. 또한 농촌 정취를 느낄 수 있는 한옥 숙박과 웰빙 밥상 개발을 하여 마을 어르신들이 함께 참여하고 있다.

2008년에는 농촌진흥청 농촌체험교육농장으로 지정받았으며, 2009년에는 농촌관광 테마마을, 2010년에는 농촌체험휴양마을로 지정되면서 이 마을을 찾는 사람들이 해마다 늘어났다.

2005년에 나주시에 천연염색 문화관을 준공하고 천연염색 문화 재단이 설립되었으며 2010~2011년에는 지식 경제부 지역 연고 산업 육성 사업인 '천연염색 전문 인력양성'에 참여를 하였다.

염색 작업

7. 완주의 로컬푸드

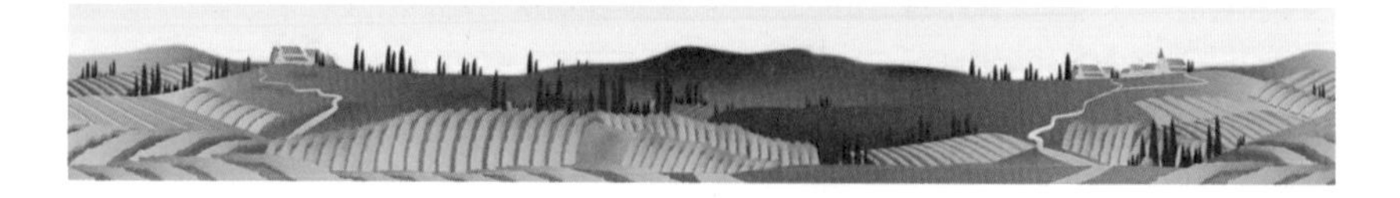

우리나라 최초로 완주군에서 로컬푸드를 시작하였다. 이로 인하여 전국적으로 로컬푸드 직매장에 대한 관심이 증가하고 로컬푸드 매장 건립이 증가하고 있다.

2010년 전주 관내 6개 농협 조합장 회의에서 완주 군수가 처음으로 이 사업에 대해 제안했을 때만 해도 모든 농협이 부정적으로 생각하였다고 한다. 하지만 그 이후 용진농협에서 완주군과 전라북도, 농협중앙회 등의 지원을 받아 본격적으로 사업을 진행하게 되었다.

완주 로컬푸드 마켓

완주 로컬푸드 센터에서는 농가가 납품한 제품의 품질은 물론이고 가격도 점검한다. 품질이 나쁘거나 가격이 너무 비싸게 책정된 농산물의 경우에는 농가에 연락한 후 바로 매장에서 철수 시킨다. 3진 아웃제 등을 통해 성실하지 않은 농가의 농산물은 취급하지 않는다.

완주 로컬푸드 매장

완주군의 200여 농가와 마을공동체가 매일 새벽 수확한 신선한 농산물을 직접 소포장해 매장에 마련된 자기 매장에 공급하고 있다. 각자의 판단으로 가격을 매기고 바코딩도 직접 하고 있다. 포장 및 바코드 부착 등에 서툰 경우에는 직원이 도와주기도 한다.

또한 생산자들은 자신의 농산물 품질에 자신이 있기 때문에 소비자들이 농산물의 이력을 알 수 있게 생산자의 연락처를 적어 소비자의 신뢰를 얻고 있다.

생산자는 자신의 상품이 얼마나 팔렸는지 핸드폰을 통해 확인이 가능하다. 또한 물건이 떨어졌을 때는 되도록 빠른 시간 내에 물건을 보충하도록 한다. 팔리고 남은 농산물은 농가가 회수해 폐기하는 1일 유통원칙을 지켜나가고 있다.

사업 준비단계에서 참여 농가 확보에 많은 어려움을 겪었다. 하지만 사업 시행 후 초기 60여 농가에서 현재 200여 농가로 증가했다. 현재는 참여 의사가 있는 농가가 더욱 많아져 일정 기간 교육을 이수한 자에만 참여 기회를 부여하는 방법을 모색하고 있다.

용진면에 로컬푸드 직매장이 오픈하기 전 면소재지에는 여느 시골과 같이 외부 사람이 거의 오지 않는 한적한 시골 면소재지였다. 현재는 많은 사람이 왕래함으로써 지역의 새로운 거점지역으로 바뀌고 있다.

중소농들의 농산물과 마을공동체 사업을 통해 생산되는 생산품은 일정한 수익을 내며 지속적으로 판매하는 것은 쉬운 일이 아니다. 하지만 로컬푸드 직매장을 통해 판매에 대한 우려를 잠재우고, 각자의 농산물에 더 많은 열성을 쏟도록 하고 있다.

용진면 로컬푸드 직매장

8. 나주시 농업회사법인 선한세상

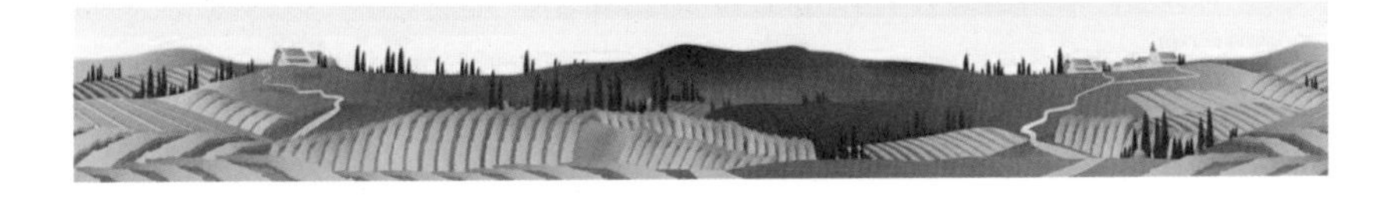

전남 나주에는 콩, 고추 등을 유기농 재배와 함께 죽염된장, 간장, 고추장 등을 생산하는 농업회사법인 선한세상이 있다. 농업회사법인 선한세상은 전남 나주시 월량길 118-15에 위치하고 있으며, 콩, 고추 등의 농작물을 유기농으로 재배하는 농장으로 시작하였다.

농업회사법인 선한세상의 대표는 건강식품 대리점을 운영하면서 향후 식품 트렌드의 핵심은 유기농식품으로 건강한 음식이 될 것이라고 확신하고 고향인 나주에 귀농하여 컨테이너에서 생활하면서 농장을 만들면서 직접 농작물을 유기농으로 재배하게 되었다. 처음에는 부모님의 텃밭을 이용해 콩을 유기농으로 재배하였으나 잡초가 너무 많이 자라고 수확량은 너무 적어 유기농 재배에 어려움을 겪게 되었다.

유기농으로 재배되는 콩

나주시농업기술센터에서 실시한 친환경 농업교육을 체계적으로 받고 선진지 견학을 통해 미생물농법을 활용하여 병해충을 방제하고 비닐멀칭을 통해 잡초와의 전쟁에서 노동력 투입을 70~80% 절감하게 되었다. 현재는 논 8천평에 찹쌀, 우리 밀, 유기농 쌀을 재배하고, 밭 1만 7천평에는 콩, 고추, 마늘, 옥수수 등을 경작하고 있다.

나주는 고령화되고 인건비가 비싸지면서 사람 구하기도 어려워지자 전남농업기술원 기계화 영농반에 들어가 농기계 운전법을 배웠다. 그래서 지금은 직접 트랙터 등 농기계를 운전하고 있으며, 자가 응급정비를 할 수 있는 실력을 쌓게 되었다.

농업회사법인 선한세상의 대표는 인산 김일훈 선생에게서 '발효'와 '간장'이 건강에 미치는 효과와 중요성을 배웠고 전국에 발효간장 등 식품 명인들을 직접 찾아다니면서 비법을 한가지씩 배워 유기농 죽염 된장, 간장, 고추장 등을 생산하여 판매하고 있다.

선한세상에서 생산되는 각종 제품

농업회사법인 선한세상에서 생산하는 간장은 황토방을 직접 짓어 메주를 틔우고 마한시대의 옹관을 주문 제작하여 전통적인 방법으로 만들고 있다. 죽염은 인근 영광 염전에서 천일염을 직접 가져와 5개월 정도 간수를 뺀 다음 3년 묵은 담양의 왕대나무를 사용하여 황토로 밀봉하여 10번 정도 구워서 만들고 있다. 이러한 과정을 통해 만들어진 죽염 된장, 간장, 고추장은 2008년 특허를 받았다.

농업회사법인 선한세상에서 생산하는 유기농 장류는 반드시 3년의 숙성기간을 거쳐 판매되기 때문에 소비자들에게 약된장, 간장으로 인식되고 있다. 이것 못지않게 나주배 고추장도 소비자들에게 인기 있는 상품인데, 선한 나주배 고추장은 고춧가루, 찹쌀가루, 메줏가루, 죽염, 엿기름, 죽염간장, 나주배 등을 원료로 하여 만들어지는 데 특징은 소금 대신 죽염수를 6개월 이상 숙성시켜 사용한다.

장류 이외에도 우리 밀로 만든 통밀가루, 유기농 들깨, 우엉 장아찌 된장 등 친환경 식품을 판매하고 있으며, 앞으로 유황오리 약간장을 상품화하기 위하여 준비하고 있다

농업회사법인 선한세상의 대표는 중소기업 제품 판매가 어렵다는 현실을 직시하고 사업 초기부터 정보화 교육이 성공의 지름길로 생각하고 농업기술센터, 도농업기술원 등에서 실시한 정보화 교육을 받고 기술센터를 통해서 '선한농장' 홈페이지를 만들어 홍보하였다.

2007년도에 농업진흥청에서 추진한 e-비즈니스 교육을 통해 마케팅의 중요성을 인식하여 블로그, 동영상, 방송, 직거래 장터 등 가리지 않고 소비자와 접촉할 수 있는 매체에 적극 노출하였다. 이러한 결과로 광주신세계백화점과 친환경 농산물 전문 유통업체에 납품되었고, 하이팜, 중소기업 우수제품전시관, 상상몰, 남도장터 등 전자상거래 몰에 입점하여 판매를 하고 있다.

농업회사법인 선한세상은 나주의 '반남고분사랑축제' 행사와 연계하여 광주 등 인근 소비자들을 농장에 초청해서 팜파티(도시민이 직접 농촌을 방문

해서 농촌의 문화를 즐기는 파티) 행사를 추진하고 있다.

팜파티에 참가한 손님들은 농장에서 죽염 담기, 죽염 굽기, 메주 만들기, 된장 담그기, 향천 체험(사후 옹관 체험), 전통놀이 등을 즐길 수 있고 농장 근처에 있는 반남고분박물관 견학과 자미산성 걷기 등을 할 수 있다. 또한 숙박을 원하는 체험객들에게는 황토방에서 1박할 수 있는 기회도 제공한다. 2009년에는 이러한 체험과 한의학 강의, 고분 해설 등을 엮어서 농촌교육농장으로 선정되어 운영하고 있다.

체험행사

제7장

융복합산업의 성공전략

1. 체험관광

체험관광이란 관광하는 동안 사람들이 관광대상지의 지역사회나 자연환경에서 물리적·추상적 사물이나 현상들과 직접적 접촉을 통해 오감으로 자극을 받아 인지적 판단이나 정서적 느낌을 받는 것을 말한다.

관광산업은 융복합산업의 일련의 경제활동에서 3차산업으로 분류되지만, 융복합산업화는 지역 내의 경제활동에서 그 역할을 생각하면 생산, 제조, 판매, 유통 등 모든 단계를 활용하여 관광 체험 상품으로 전개하는 것이 가능하며, 지역에서 생산된 농수산물을 활용한 관광 체험형 산업은 융복합산업화의 중요한 사업으로 자리 잡고 있다.

요리 체험

1) 체험관광의 현실

현재 융복합산업을 진행하는 곳에서는 3차산업으로 가장 많이 하는 것이 체험관광이다. 체험관광 1단계는 가장 쉬운 방법으로 기존에 농장 주변의 자연환경이나, 농장의 자원들을 견학하는 방법이 있으며, 2단계는 능동적으로 참여하는 방법으로 농장에서 생산되는 생산물을 제조하거나 생산물을 갖고 가공하는 체험학습을 하는 것이고, 3단계는 관광객들을 위한 축제나 행사를 진행해서 체험하게 하는 것이다.

사과 따기 체험

융복합산업에서 가장 큰 부가가치를 얻을 수 있는 것이 3차산업이다. 따라서 융복합산업을 추진하는 모든 농장에서는 체험학습을 진행하거나 하려고 한다. 그러나 문제는 프로그램이 다른 곳에서 이미 체험하거나 할 수 있는 경우도 많고, 프로그램이 부실해서 체험관광이 제대로 가치를 발휘하지 못하는 경우가 많다. 따라서 체험관광을 제대로 만든다면 많은 관광객들이 찾아오게 될 것이며, 수익이 증대할 것이다.

2) 체험관광 프로그램의 성공전략

체험관광이 성공하기 위해서는 소비자의 시각에서 프로그램을 만들어야 한다. 대부분 공급자 입장에서 프로그램을 만들다 보면 소비자 입장에서는 만족스럽지 못할 것이다. 따라서 관광은 서비스 제공 산업이며, 관광객 경험도 서비스에 대한 경험이기 때문에 소비자가 원하는 서비스 질에 초점을 두면서 프로그램을 만드는 것이 중요하다.

소비자들의 흥미와 만족을 얻을 수 있는 프로그램 개발 방법을 보면 다음과 같다.

① **감각**(sense)

감각 프로그램은 시각, 청각, 후각, 미각, 촉각이라는 5가지 감각에 호소함으로써 감각적 자극을 통해 미학적 즐거움, 흥분, 아름다움, 만족감 등을 제공하는 것을 목적으로 하고 있다. 감각적 체험은 감각적 자극으로 제품을 차별화 시키고, 자극의 방법 즉 과정으로 고객에 동기를 부여하고 그 결과가 구매로 이어진다.

소비자들은 이미 알고 있는 관련 정보를 바탕으로 평범한 것보다 '생생하고', '뚜렷한' 자극에 더 많은 흥미를 갖게 된다. 예를 들면 체험장에 사용된 색상, 슬로건, 조명, 구조, 종업원의 서비스, 생산물의 냄새와 맛 등이 관광객들의 감각을 자극하게 된다.

체험관광에 있어서 감각 요인은 아름다운 지역 전체나 농원 등의 자연풍경, 깨끗한 공기, 기분 좋아지게 하는 향, 농산물 수확이나 가공을 통해 느끼는 촉감, 새와 같은 생물이나 바람과 같은 자연의 소리, 지역 음식의 맛, 지역 특산품의 패키지 프로그램을 만드는 것이 좋다.

② **감성**(feel)

체험으로 고객들이 받을 느낌은 매우 다양하다. 긍정적 기분, 부정적, 만족, 불만족 등이 약한 감정에서부터 강렬한 감정에 이르기까지 그 정도가 다양하다.

정서적 체험을 효과적으로 활용하기 위해서는 사람의 기분이나 감정을 잘 이해해야 한다. 감정은 기본적 감정과 복합적 감정으로 나누어지는데, 기쁨, 분노, 슬픔과 같은 보편적인 기본적 감정에 비해 복합적 감정은 기본적 감정들이 혼합되거나 결합된 감정으로 체험에 의해 유발되는 대부분의 감정들은 복합적 감정이다.

정서는 주로 소비하는 과정에서 발생하는 것으로 가장 강한 감정의 일부는 서비스를 제공받는 상황에서 체험하게 된다. 예를 들면 좋은 프로그램은 만드는 것만이 중요한 것이 아니라 프로그램을 운영하는 운영진들의 소비자를 만족시킬 수 있는 감동을 주면 효과가 매우 크다.

미술 체험

③ **인지(think)**

인지의 핵심은 체험에 참여하는 관광객의 창조적 생각을 촉진하는 것이다. 사람들은 보통 확산적 사고와 수렴적 사고라는 2가지 유형으로 사고를 하는데, 창조성은 수렴적 사고와 확산적 사고를 포함한다. 수렴적 사고란 이미 알고 있는 것이나, 단순한 경험을 체험하면서 추론하는 것을 말하며, 확산적 사고는 체험하면서 많은 아이디어들을 생각해내는 것을 말한다.

따라서 체험 프로그램을 만들 때 단순히 보여주거나, 만들게 하는 것보다는 그러한 행위나 지식을 바탕으로 새로운 생각이 들거나, 명쾌한 결론을 얻을 수 있도록 만들어야 한다. 예를 들어 우유로 치즈를 만드는 체험 프로그램을 진행할 때, 만드는 것에만, 집중하게 하는 것이 아니라 우유의 중요성, 우유에 대해서 몰랐던 지식, 우유로 만들 수 있는 것들을 재미있게 알려주어서 이러한 정보를 바탕으로 새로운 생각을 추론하거나, 우유의 소중함을 알게 하는 것이 중요하다.

체험관광에 있어서 인지 요인은 관광 체험을 통해 참가자의 창조적인 사고를 유도함으로써 생산물의 소중함, 학습의 가치, 농어촌자원의 가치 등을 가질 수 있도록 프로그램을 만들어야 한다.

우유로 치즈 만들기

④ **행동(act)**

행동 요인은 소비자 신체에 관련되었거나 다른 사람과의 상호작용 결과로 발생하는 체험을 말한다. 즉 행동적인 마케팅은 육체적 체험을 통해 정서를 강화하는 효과를 가져온다.

따라서 체험 프로그램은 이론적으로 하기보다는 실질적으로 실습을 통해서 행동으로 옮길 수 있도록 프로그램을 만들어야 한다. 예를 들면 농수산물 수확, 제조체험, 가공품 구매, 농가 레스토랑에서의 식사, 농촌숙박 등의 육체적 체험에 대해서 만족감을 주도록 해야 한다.

⑤ 관계(relate)

관계란 다른 사람, 다른 사회집단, 국가, 사회, 문화와 같은 포괄적이고 추상적인 사회적 실체와의 연결을 의미한다. 체험관광에 있어서 관계 요인은 관광 체험을 통해 같이 체험하는 사람들과의 관계 또는 지역 및 지역주민과의 관계에 있어서 동일시, 교감, 유대감 등을 형성하게 되는 체험 요소로 이해할 수 있을 것이다.

관계 요소는 프로그램을 진행할 때 개인적 자아를 가족이나, 지역사회, 국가 등과 연계시킴으로써 개인의 사적인 감각, 감정, 인지, 행동을 뛰어넘는 확장 개념이다. 예를 들어 소비자가 다른 소비자와 연결되어 있다는 느낌을 갖게 되면 준거집단과 동일시하게 되며, 다른 구매를 하는 소비자가 있다면 그들처럼 구매하게 한다.

2. 스토리텔링

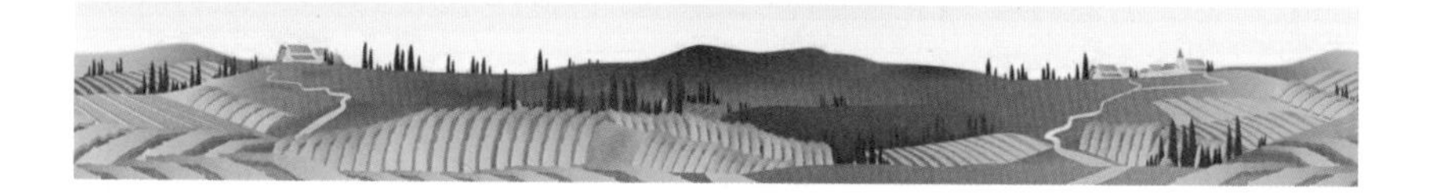

요즘 스토리텔링이 확산되어 음식이나 관광지에 대한 효과적인 정보 전달 수단으로 활용되고 있다. 그리고 흥미 있는 이야기를 가미한 지역축제 등의 해설, 영상 홍보물 제작 등에 주로 활용되어 생산물과 관광의 가치를 증가시키고 있다. 스토리텔링은 효과적인 커뮤니케이션이 수단으로 활용되고 있으며, 공감 반응을 일으키게 되면 몰입하게 하는 효과가 있다.

장독대를 이용한 스토리텔링

스토리텔링은 상대방에게 알리고자 하는 바를 재미있고 생생한 이야기로 설득력 있게 전달하는 것을 말한다. 스토리텔링은 기존에 존재하고 있는 이야기를 있는 그대로 전달하는 것을 넘어서서, 기존의 이야기를 새롭게 묘사하거나 창작성을 가미하여 전달하는 것까지를 포함한다.

미래학자 롤프 옌센은 정보화 시대가 지나면 소비자에게 꿈과 감성을 제공하는 것이 차별화의 핵심이 되는 드림 소사이어티(Dream Society)가 도래할 것이라고 말한다. 미래에는 이야기와 꿈이 부가 가치를 만들며 이를 통해 새로운 시장이 형성된다는 것이다.

융복합산업의 부가가치를 높이기 위해서는 있는 그대로 마케팅하는 것이 아니라 스토리텔링을 통해서 그 가치를 높이면 같은 상품이라도 고부가가치가 될 수 있다. 특히 관광 스토리텔링은 관광지(대상)의 장소성이 가지고 있는 고유의 가치나 의미를 해석 혹은 가공하여 관광자원의 가치를 창조하거나 증대하고 궁극적으로 많은 관광객의 방문을 가져오게 한다.

제주돌을 이용한 스토리텔링

예를 들어 제주의 향토 이미지 기업인 '솔트 스톤'은 획일화된 단순한 커피 시장에 제주를 담은 이야기로 스토리텔링을 만들어 획기적인 반향을 불러일으키고 있다. "제주돌이 소금을 만들고 그 소금이 바닷물이 되어 제주가 되었다"라는 창의적인 스토리텔링은 제주를 찾는 모든 사람들이 꼭 찾아보는 관광 명소가 되었다.

따라서 소비자들의 욕구를 충족시켜 주거나, 흥미를 자극할 수 있는 스토리텔링을 하게 되면 관광객들이 늘게 되어 다양한 효과를 가져다준다.

1) 스토리텔링의 효과

현대인들은 쏟아지는 뉴스와 정보가 범람하고 있기 때문에 객관적 사실이나 사건의 객관적인 전달보다는, 감성을 자극할 수 있는 스토리를 더욱 좋아한다는 것이다. 스토리텔링을 하게 되면 다음과 같은 효과가 생긴다.

① 스토리텔링을 통하여 자신의 감정이 자극받고, 공감을 형성하게 되면 소비로 이어진다. 따라서 스토리텔링을 하게 되면 소득 증대가 이루어진다.

② 흥미 있는 이야기가 담긴 상품은 단순히 우수한 농산물이나 가공식품보다 더욱 매력적일 수 있기 때문이다. 소비자의 마음을 읽고 그들이 꿈꾸는 바를 흥미 있는 이야기를 통해 부드럽게 풀어가면 고객은 감동하게 되고, 찾는 소비자들이 많아지게 되어, 관광객들을 찾아오게 하며, 소득을 증대하게 한다.

③ 스토리텔링은 상품 차별화에 매우 유용하다. 다양한 농산물이 범람하고 있는 상황에서 자신의 농산물을 차별화하기 쉽지 않다. 따라서 스토리텔링을 하게 되면 자신의 생산물을 차별화하여 매출 증대를 가져올 수 있다.

3) 스토리텔링의 성공전략

소비자의 구매 요인이 생산품의 품질 중심에서 감성 중심으로 이동함에 따라 스토리텔링 마케팅의 중요성이 과거보다 더욱 부각되고 있다. 이야기는 소비자들이 브랜드를 이해하고 호감을 갖게 만드는 감성적인 설득의 힘을 가지고 있기 때문이다. 마케팅의 기본원리를 고려한 스토리텔링 마케팅의 성공적인 전략은 다음과 같다.

① **독창성**

소비자들은 뻔한 스토리에는 싫증을 느끼기 때문에 무언가 다른 것과 다른 스토리를 만들어야 하는데 여기에서 독창성이 있어야 한다. 독창성은 모방이나 파생에 의한 것이 아니라 자기의 개성과 고유의 능력에 의해 가치를 새롭게 창조하는 것을 말한다.

독창성을 갖기 위해서는 그 지역의 특정 장소와 연결되어 전해 내려오는 설화, 역사 등을 스토리에 가미하는 것이 좋다. 예를 들어 여수시에서는 조선시대 이순신 장군이 전라좌수사로 근무하던 곳이기 때문에 이러한 역사적 사실을 근거로 하여 이순신 장군 밥상을 만들어 인기를 끌고 있다.

여수의 이순신을 이용한 스토리텔링

② **재미성**

스토리텔링에서의 스토리는 사실인지의 여부보다는 얼마나 듣는 이가 흥미를 유발할 수 있는지, 재미가 있는지가 중요하다. 그렇기 때문에 스토리를 만드는 데 있어서 재미와 흥미를 위해서 기존의 이야기나 사실을 부풀리거나, 허구적인 이야기를 재탄생 시키기도 한다. 예를 들어 장성군에서는 홍길동전이라는 고전소설을 주제로 하여 홍길동 테마파크를 만들고, 스토리텔링을 하고 있다.

장성군의 홍길동 테마파크

③ 포장성

포장은 물건을 싸거나 꾸려서 가치를 높이는 것을 말한다. 한가지 사물을 설명할 때 어떻게 설명하느냐에 따라 결과는 매우 달라진다. 따라서 스토리텔링을 성공 시키기 위해서는 묘사를 잘해야 한다.

관광지에서 관광 대상이 가지고 있는 사실을 있는 그대로 설명하는 것이 아니라, 특징적인 면을 재해석하고 가공, 묘사하여 관광객의 관심을 유도할 수 있도록 하는 것은 관광 대상의 가치를 높이는데 매우 중요하다. 예를 들면 어느 관광지에 갔는데 경치나 유물은 같지만, 가이드의 설명이 어떠냐에 따라서 그냥 보고 온 것으로 만족하기도 하지만, 감동을 받아서 마음속에서 그리워하게 된 경우가 있을 것이다. 이처럼 장소에 대한 감각적 묘사는 감성을 유발하여 잠재 관광객을 유인하는 강력한 수단이 되고 있다.

④ 은유성

은유는 표현하고자 하는 대상을 다른 대상에 비겨서 표현하는 것을 말한다. 은유는 논쟁의 여지가 많은 사실을 단순화할 뿐만 아니라 새로운 해석을 불러일으킬 수 있는 가능성을 제공하고, 자연스럽게 다른 것과 비교함으로써 마음의 문을 여는 데 도움이 된다.

스토리텔링을 만드는데 은유적 표현을 활용하면 흥미와 호기심 그리고 창의적 상상력을 유발하며 메시지의 전달에 효과적이다. 은유는 직접적으로 말하는 것이 아니라 비논리적인 성격을 갖고 있지만 전달하는 내용의 핵심이 무엇인지를 명확하게 해주고 강조할 수 있는 효과가 있기 때문에 효과가 있다. 특히 상품이나 지역에 대하여 직접적인 자랑이나 칭찬을 하게 되면 오히려 소비자들은 경계를 하게 된다. 그러나 은유를 하면 주제를 더욱 부각 시키거나 강렬한 느낌과 상상력을 부여하는 수단이 된다.

3. 향토 음식

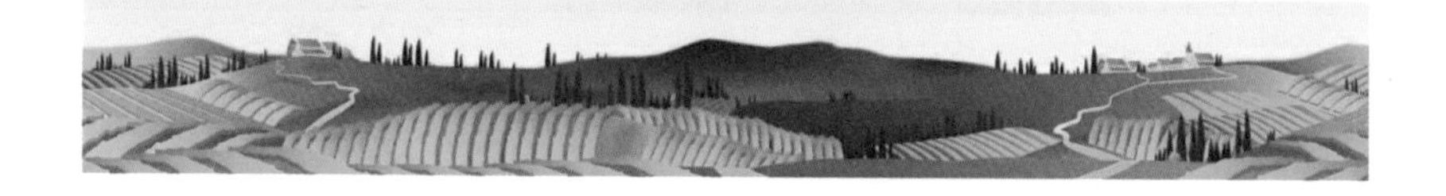

1) 향토 음식의 정의

향토 음식은 지방의 특산품이나 특유의 조리법 등을 이용하여 만든 그 지역의 전통음식을 말한다. 즉 그 지방에서 생산되는 재료로, 그 지방의 조리법으로 만들어, 그 지방 사람들이 즐겨 먹고 있는 음식이라고 할 수 있다. 깊은 역사적 전통을 가지고 있는 김치와 같은 전통음식 개념보다 좁은 개념이다.

전주 비빔밥

각 지방의 향토 음식은 1900년 중반까지는 고유한 특색이 있었으나, 점차 산업과 교통이 발달하여 다른 지방과의 왕래와 교역이 많아지고, 물적 교류와 인적 교류가 늘어나서 한 지방의 산물이나 식품이 전국 곳곳으로 퍼지게 되고, 조리 방법도 널리 알려지게 되었다.

2) 외식산업 현황

근대화 과정을 거치면서 식생활 패턴이 변화하면서 외식 수요가 증가하였고 산업 규모로 성장하였다. 외식의 산업화 주요 요인은 소득 증가에 따른 구매력의 다양화, 핵가족화와 같은 구조변화에 의한 외식비용 증가, 도시 생활 발전과 식생활 변화, 국제 교류 활성화에 따른 다양한 음식문화 기회 증가 등이 산업화를 촉진하였다.

외식산업이 식품 소비의 절반을 차지하게 되면서, 2차와 3차산업 영역이 1차산업 부문보다 오히려 더 큰 비중을 차지하고 있다. 이에 따라 식품제조업과 외식산업 등 식품산업이 크게 성장하고 있다. 따라서 융복합산업에서 고수익을 얻기 위해서는 외식산업을 도입하는 것도 바람직한 일이다. 그러나 외식산업은 이미 포화 상태에서 특별한 메뉴를 갖지 않고는 큰 성공을 얻기 어렵다.

외식산업에서 성공하기 위해서는 먼저 소비자들의 소비 형태나 소비 트랜드를 알고 시장에 대처해야 한다.

최근 소비 트랜드 조사를 보면 세상의 변화에 따라 소비자들의 소비행태에 많은 변화가 있다. 요즘의 소비자들은 공유, 웰빙, 실속, 경험, 현재 중심의 소비가 주류를 형성하고 있다.

소비자와 직접적인 대면을 통해 서비스가 이루어지는 외식산업을 성공 시키기 위해서는 소비자들의 소비 트랜드에 대한 면밀한 검토와 대처가 매우 중요하다. 대표적으로 스타벅스는 고객과의 정서적 교감과 경험을 강화한 전략을 바탕으로 세계적으로 성공적인 성장을 이끈 사례로 항상 꼽히고 있다.

〈표 7-1〉 가치 소비행태 특징

소비행태	내용
공유형	재화를 소유하는 소비에서 공유하는 소비로 비용 절감 및 빠른 소비 트랜드 변화에 맞춰 대여 및 중고 시장 등의 활용 증가
웰빙형	인구구조의 소형화 및 기대수명 증가로 건강을 고려하는 소비행태의 심화로 건강식, 헬스케어 시장의 소비 확대
실속형	개인에게 필요한 기능성 상품을 선호하는 소비 현상으로 품질 비교 시 개인이 원하는 기능을 중심으로 가격 대비 효용을 고려한 소비행태
경험형	소비활동 자체에서 만족을 느끼는 현상으로 직접 체험하는 과정을 통해 소비 욕구 및 만족도를 느끼는 현상
현재형	미래보다 현재 기준의 행복과 만족에 더 큰 가치를 두는 소비행태

출처: 현대경제연구원(2018). 2018년 국내 10대 트랜드

3) 외식 트랜드

한국외식산업연구원(2017)이 '17년의 경제, 사회문화, 기술 등 거시적 환경분석을 통해 '18년 외식 트랜드로 가심비, 빅블러(Big Blur), 반외식문화, 단품화를 제시하였다.

① 가심비

가심비는 외식 소비의 심리가 경기 불황의 장기화로 인해 가격 측면에서

만족되었던 과거와는 다르게 가성비에 심리적 만족도가 충족되어 개인화된 소비 패턴에서 스스로를 위한 지출에는 과감히 투자하는 소비 트랜드로 변하고 있다. 이는 외식업에도 개인화, 고객화 등을 통한 마케팅 코드가 중요할 것으로 내다보고 있다.

② 빅블러

빅불러(Big Blur)는 사회 환경이 디지털 기술의 보편화로 인해 변화의 속도가 빨라지면서 산업간 경계가 모호해지는 현상을 말한다. 따라서 이종 산업 간 융합이 활발해져 외식업계에도 다양한 기술을 활용한 변화가 촉구됨을 의미한다.

③ 반외식 문화

요즘 반조리 음식, 포장 음식, 배달 관련 시장이 빠르게 성장하고 있다. 특색 있는 단품 메뉴에 집중한 메뉴의 전문화가 외식 시 맛에 대한 중요성이 소비자가 가장 우선적으로 고려하고 있다. 따라서 농장에서 외식산업을 할 경우에는 포장 음식의 판매나 집에서 쉽게 조리할 수 있도록 반조리 음식을 판매하는 것이 좋다.

반조리 음식

④ **단품화**

1인 가구가 급격하게 성장하면서 소비 패턴이 복잡한 요리보다는 단순화된 요리, 양이 많은 것보다는 반찬이 적은 소형화, 여러 가지를 파는 것보다는 전문화된 식당을 찾는다. 따라서 농장에서 외식산업을 할 경우에는 간단하고, 반찬을 줄이며, 전문 식당으로 승부를 걸어야 한다.

⑤ **현재형**

현재형은 미래보다 현재 기준의 행복과 만족에 더 큰 가치를 두는 소비행태를 말한다.

〈표 7-2〉 2018년 외식 트랜드 주요 키워드

트랜드	정의
가심비	가격 대비 주관적인 심리적 만족감이 중시되어 외식 경기 불황에 따라 가성비가 중요한 소비행태에서 심리적 만족이 중요시되는 경향
빅블러	혁신적 기술의 등장(IoT, 인공지능 등)으로 전통적 외식산업 경계가 허물어지고 있는 경향
반외식 문화	반외식은 음식을 포장· 배달하여 완제품으로 가정에서 식사를 하는 등의 외식의 내식화를 의미
단품화	단순화, 소형화, 전문화로 경쟁력을 갖춰 소비자에게 차별화된 매력으로 소구하여 대기업 프랜차이즈나 브랜드보다 오히려 인기를 끄는 현상
현재형	미래보다 현재 기준의 행복과 만족에 더 큰 가치를 두는 소비행태

출처: 농식부·한국농수산식품유통공사(2017). 2018 외식산업·소비트랜드

4) 향토 음식의 성공전략

① 공간성

향토 음식은 그 지역 외에 다른 곳에서는 똑 같은 맛을 볼 수 없는 특징이 있다. 그러므로 그 음식 맛을 보기 위해 식도락가들이 찾게 하여 지역경제를 활성화하게 된다. 예를 들어 포천의 이동갈비, 여수의 갓김치처럼 공간적 환경을 이루는 지리적 조건, 기후, 풍토가 타지방과 다르기 때문에 차별화된 음식을 만들 수 있게 된다.

② 고유성

향토음식은 어디에나 있는 흔한 재료를 사용하더라도 그 지방에서만 전수되는 고유한 비법이나, 지역적 특성이 반영된 특유의 조리법으로 만든다. 예를 들어 전국 어디에서나 구입할 수 있는 고등어를 가지고 내륙지방인 안동에서 만든 간고등어, 김을 가지고 만든 광천김 등이 있다.

안동의 헛제사밥

③ 의례성

향토 음식은 그 지방 사람들의 사고방식과 생활방식에 따른 문화적 행사나 의식을 바탕으로 전해져 오는 음식이다. 예를 들어 안동의 헛제사밥(제사 때 먹는 음식으로 고추장 대신 간장과 함께 비벼 먹는 비빔밥), 경상도의 돔배기 산적(뼈를 발라낸 상어고기를 꼬치에 꿰어 기름에 지져내 경사나 제사 등 집안에 큰일이 있을 때 반드시 올리는 별미음식) 등이 있다.

돔배기 산적

4. 가공식품

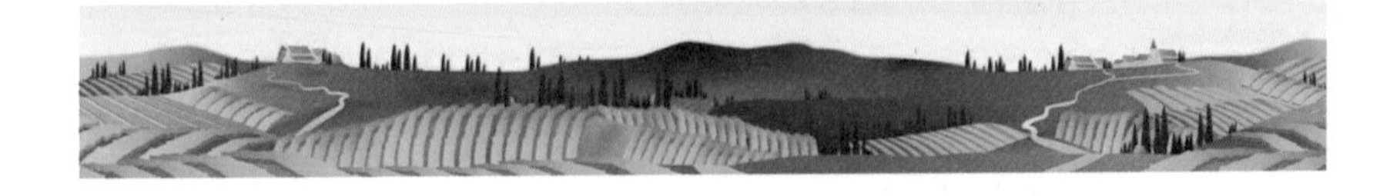

최근 국내 농업과 가공식품 산업의 연계 강화로 농업의 2·3차산업을 통해 농가소득을 향상 시키고, 농업 경쟁력을 제고하기 위해 농정의 주요 과제로 제시되고 있다. 이로 인하여 가공식품이 전체 식품산업에서 비중이 점점 커지고 있다. 앞으로도 농촌 소득증대를 위해서는 가공식품에 대한 관심을 가져야 한다.

1) 가공식품의 정의

가공식품은 식품의 원료가 되는 농산물 ·축산물 ·수산물의 특성을 살려 보다 맛있고 먹기 편한 것으로 변형 시키는 동시에 저장성을 좋게 한 식품을 말한다.

가공식품은 6차산업에서 2차산업에 해당한다. 1차산업으로 생산된 생산물을 그 자체로 시장에 내다 팔면 가치가 1이라고 할 때, 가공·상품화한 가공식품은 2배의 가치를 가진다.

예를 들어 유자를 1차 생산된 상태로 팔면 500원에 판매되지만, 유자를 가공하여 유자청이나 유자차를 만들어 팔면 1,000원을 받을 수 있다. 따라서 6차산업으로 인해서 고소득을 얻기 위해서는 가공식품에 대한 관심을 가져야 한다. 뿐만 아니라 소비자의 요구에 맞는 가공된 상품을 만들면 부가가치는 엄청 높아진다.

유자로 만든 유자청과 유자차

2) 가공식품의 장점

가공식품이 주는 장점을 보면 다음과 같다.

① 농산물의 부가가치를 높여 소득증대가 된다.

② 농산물의 변질을 방지하고 보존성을 제고시킬 수 있다.

③ 수분이 줄고 부피 및 무게가 감소하므로 운임을 절약할 수 있다.

④ 농산물의 이용도를 다양화하여 과잉된 농산물을 없앨 수 있다.

⑤ 생산에 참여하는 노동시간을 제외하고, 남는 시간에 가공식품을 만들 수 있다.

3) 가공식품의 필요성

농가소득 증대를 위하여 가공식품이 필요한 이유는 다음과 같다.

① 짧은 보관 기간

농산물들은 수확하게 되면 영양 공급이 제대로 되지 않고, 광합성 작용을 못하기 때문에 급격하게 상하게 되어 유통기간이 매우 짧다. 따라서 빠른 시간 안에 농산물을 유통시켜서 소비자 손에 가게 되면 문제가 없지만, 유통기간이 길면 그만큼 상품이 손상되기 때문에 유통기간이 짧은 농산물일수록 가공식품으로 만드는 것이 좋다.

보관 기관이 짧은 생선을 사용하여 보관 기간을 늘린 초밥

② 과잉 생산된 농산물의 처리

일반적으로 농산물 공급량이 5% 정도만 초과해도 시장가격은 20% 하락한다고 알려져 있기 때문에, 공급과잉이 발생하게 되면 농가소득은 떨어질 수밖에 없다. 따라서 과잉 생산된 농산물을 방치하거나 버리기보다는 가공식품을 만들면 부가가치가 더 커질 수 있다.

② 계절적 집중성

농산물은 연중 재배되는 것이 아니라 일정 기간에 농산물이 집중 출하하게 된다. 물론 시설재배를 통하여 연중 생산하는 것도 있지만, 계절적으로 생산에 제한을 받는다. 따라서 농산물이 갑자기 집중적으로 대량 출하하게 되면 당연히 농산물은 시장에서 제값을 받지 못하기 때문에 농가소득이 떨어지게 되고, 안정적 생활이 어렵게 된다. 따라서 소득을 연중 균일하게 하고, 농산물의 계절적 집중성을 탈피하기 위하여 가공식품으로 만들어야 한다.

계절의 영향을 많이 받는 딸기

4) 가공식품의 성공전략

농산물을 가공식품으로 만들려면 먼저 농산물들이 가진 화학적·생물학적·물리적 성질을 잘 연구하여 여기에 맞는 처리 방법을 찾아야 한다. 이를 통하여 보존 기간을 늘리는 한편, 기존에 없던 새로운 가공식품을 만들거나, 일상에서 자주 사용하는 생활용품을 만들어야 부가가치가 높다.

가공식품은 예전에는 농민 스스로가 담당했지만, 지금은 농산물을 생산하고 나면 경제발전에 따른 농업 구조변화로 인하여 가공·저장·판매는 점점 전문가 집단이나 단체에서 하기 때문에 농업으로부터 분리되어 비농업 부문으로 이동하고 있다. 예를 들어 계약농업의 형태로 농산물을 생산하게 되면 가공·저장·유통과정은 농업법인이나 농협 같은 곳에서 대행해주고 있다.

제8장

농업을 살리는 바른 먹거리

1. 바른 먹거리의 의미

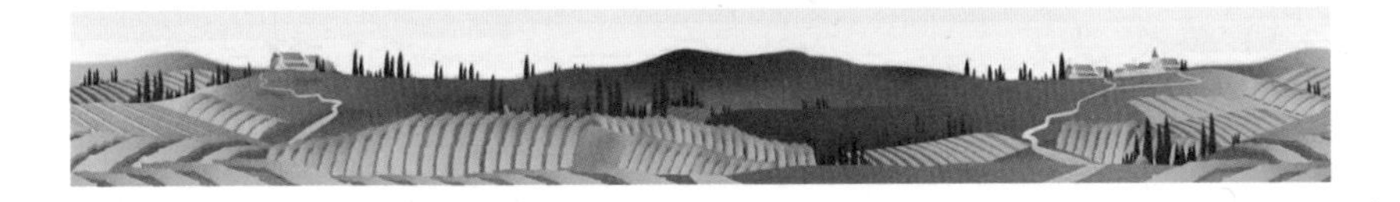

바른 먹거리는 건강하고 지속 가능한 식품을 의미한다. 바른 먹거리는 사람에게는 신선하고 영양가 높은 식재료를 사용하여 균형 잡힌 식단을 구성하게 해주고, 농업에서는 환경 보호를 고려한 농업으로 곡식을 생산하게 하고, 목축업에는 동물복지 방식을 지지하게 된다. 바른 먹거리의 주요 특징은 다음과 같다.

1) 신선하고 자연적인 원재료

바른 먹거리는 가능한 한 신선하고 자연적인 원재료를 사용한다. 식품을 가공하거나 화학 처리하는 대신 식재료의 원래 형태를 최대한 유지한다.

2) 영양 및 균형

바른 먹거리는 영양학적으로 균형 잡힌 식단을 강조한다. 필요한 영양소를 충분히 공급하면서도 지나치게 가공된 식품이나 과도한 첨가물을 피한다.

3) 지속 가능한 농업

바른 먹거리는 지속 가능한 농업과 양식 방식을 지지한다. 이는 화학 비료와 살충제 사용을 최소화하고, 토양 보전 및 생태계 보호를 고려한 농업 방식을 채택하는 것을 의미한다.

4) 동물복지

바른 먹거리는 동물복지를 중요하게 생각한다. 가축 사육 시 동물들에게 편안하고 자유로운 환경을 제공하며, 스트레스를 최소화하고 건강을 유지할 수 있도록 노력한다.

5) 환경 보호

바른 먹거리는 환경 보호를 고려한다. 지속 가능한 농업 방식은 자원 소비를 최소화하고, 온실 가스 배출을 줄이며, 생태계를 보전하는 데 기여한다.

.

2. 바른 먹거리의 중요성

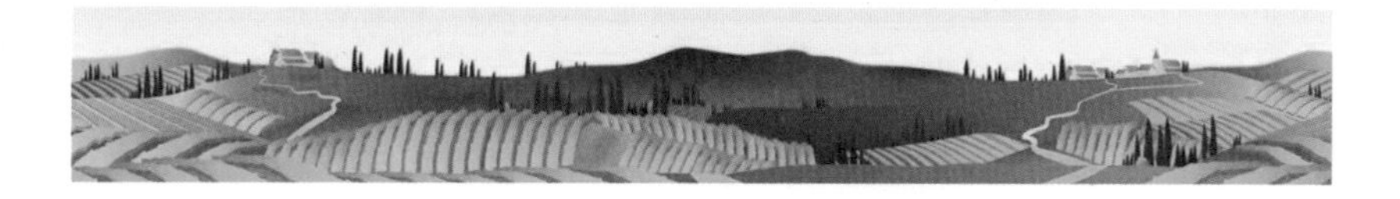

우리 생활 속의 모든 음식물은 단순한 먹거리를 넘어서 자연에서 얻어지는 귀한 선물이며 보약이라고 한다. 지구상에서 자라고, 날고, 헤엄치는 모든 것, 즉 모든 동식물이 거의 다 요리에 활용되고 있는 것을 보면 우리 주변의 모든 것은 먹거리로 활용될 수 있다.

히포크라테스는"음식으로 고치지 못하는 병은 약으로도 고칠 수 없다"라고 했다. 우리말에도"밥 잘 먹는 것이 최고의 보약이다"라는 말이 있다. 이런 것을 약식동원(藥食同源)이라고 한다. 약식동원이라는 말의 의미는"약과 음식은 근원에서 같다"라는 뜻이다. 다시 말해서 "음식을 잘 먹으면 건강해진다"라는 뜻이다. 그럼 잘 먹기 위해서 어떻게 해야 할까? 그것은 매우 복잡한 과정을 거친다.

음식물이 '어떤 물(좋은 물, 나쁜 물)을 만나느냐?', '어떻게 조리(찌고, 삶고, 볶고, 튀기고, 굽고, 익히고 등)를 하느냐?', '어떤 양념과 조미료를 만나느냐?', '그릇(쇠그릇, 나무그릇, 플라스틱)은 무엇을 쓰느냐?'에 따라 사람의 몸에 좋은 음식이 되거나 나쁜 음식이 된다.

그리고 사람의 손에 의해 조리된 음식이 사람의 뱃속으로 들어갔을 때, 그 사람의 의식 상태(즐거운 마음, 어두운 마음, 스트레스)나 소화기 및 건강 상태 등도 건강을 결정짓는 중요한 변수가 된다. 이처럼 음식물은 무수한 변수를 만나면서 사람을 건강하게도, 때로는 건강을 해치기도 한다.

이렇게 음식은 우리 몸에 중요한 역할을 함에도 불구하고 아무것이나, 색깔만 보고, 남이 먹으니까, 화풀이로, 배만 채우기 위해서, 그냥 심심풀이로 먹는 경우가 많다. 특히 식생활의 서구화, 입맛에 길들여진 편식, 야간근무를 핑계로 하는 야식, 화가 나서 먹는 폭식, 체질은 뒷전이고 흉내 내어 찾아가 먹는 미식, 이러한 식생활은 위장과 간, 췌장에 무리한 일을 하게 하고 그로 인하여 그 기능이 떨어지게 되는 악순환의 연속이 될 수 있다.

몸에 좋지 않은 음식을 한두 번 먹는 것은 괜찮지만 지속적으로 먹게 된다면 분명히 문제가 생기고 만다. 마치 가랑비에 옷 젖듯이 여지없이 건강을 잃게 된다. 결국에는 때늦은 후회와 함께 새로운 다짐을 하게 되지만 이미 건강은 한번 잃으면 다시 찾기가 여간해서 쉽지가 않다.

과거 우리의 식습관은 곡류와 콩류, 채소, 어패류 등이 주를 이뤘으나 입맛의 서구화로 최근에는 쌀 대신 육류나 유제품, 과일과 설탕의 소비가 늘고 있다. 문제는 식생활의 변화에 따른 영양 불균형 상태가 질병 발생의 주요인이 되고 있다는 점이다. 우리나라 사람들의 먹거리가 점점 고기 위주로 바뀌고, 환경오염이 심해지면서 서구형 질병에 걸리는 사람들이 크게 늘고 있는 것이다.

최근 통계청의 통계자료를 보면 65세 이상 고령자의 사망 원인을 분석한 결과, 대장암과 당뇨병으로 인한 사망이 20년 전보다 약 7배 가까이 급증한 것으로 나타났다. 원래 대장암은 육식을 즐기는 선진국에서 많이 발생하였지만, 점차 한국에서도 늘고 있다. 이러한 원인은 우리의 식단이 점차 서구화되어 육식이나 설탕을 많이 먹게 됨으로 인해서 대장암이나 당뇨병이 증가해 가고 있다는 것을 의미한다.

이처럼 건강하게 살기 위해서는 바른 먹거리가 중요한 것을 알 수 있다. 국어사전을 찾아보면 '습여성성(習與性成)'이라는 말이 있다. 그 말의 뜻은 습관이 오래되면 마침내 천성이 된다! 는 뜻이다. 즉 어릴 때부터 갖는 바른 먹거리를 먹는 식습관이 평생을 지배하며, 결국에는 사람을 죽이고 살릴 수도 있음을 명심해야 할 것이다.

따라서 진수성찬을 많이 먹는 것이 중요한 것이 아니라 바른 먹거리를 정성스럽게 감사한 마음으로 먹는 마음 자세가 중요하다. 즉 아무리 빈약한 음식이라도 바른 먹거리를 즐거운 마음으로 먹는 습관을 기른다면 우리의 건강은 좋아지겠지만, 나쁜 먹거리를 먹는 습관을 들이면 나쁜 영향을 미치고 결국에는 우리의 건강을 좀 먹게 된다는 것을 명심해야 한다.

3. 친환경 농업의 진실

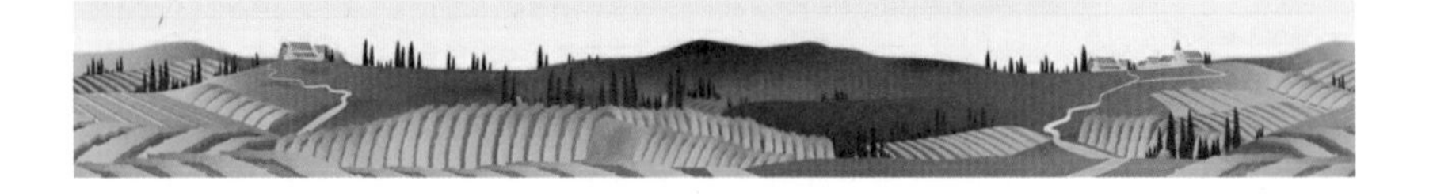

친환경 농업이란 합성농약, 화학비료 및 항생제·항균제 등 화학 자재를 사용하지 않거나 사용을 최소화하고 농업·수산업·축산업·임업 부산물의 재활용 등을 통하여, 생태계와 환경을 유지·보전하면서 안전한 농·축·임산물을 생산하는 산업이다.

즉 농업의 환경 보전 기능을 증대시키고, 농업으로 인한 환경오염을 줄이며, 친환경 농업을 실천하는 농업인을 육성하여 지속가능하고 환경친화적인 농업을 추구하는 것을 목적으로 한다.

최근 국민경제가 발전하여 소득수준이 향상되면서 소비자들은 고품질 안전 농산물을 원하고 있으며, 비록 가격수준이 일반농산물에 비해 높다고 하여도 건강과 환경보전을 생각하여 유기농산물 등 친환경 농산물을 소비하려는 경향이 차츰 증가하고 있다.

국제 농업환경과 국내 소비자의 기호 변화에 따라 그동안 증산 위주로 농약, 비료에 의존한 결과 농업환경이 악화되어 지속적인 농업생산에 위협을 느끼고 있어 환경과 조화된 친환경 농업 실천이 필요하다.

친환경 농산물에는 크게 저농약 농산물, 무농약 농산물, 전환기 유기농 농산물, 유기농 농산물 등 4단계가 있으며, 그중에서 우리가 말하는 유기농이라고 하는 것은 유기농 농산물을 의미하는 것이나 친환경 농산물 전체로 오해하고 있는 경우가 많다. 예를 들면 저농약 농산물, 무농약 농산물, 전환기 유기농 농산물까지를 유기농으로 인식하고 있다는 것이다. 그러나 엄밀한 의미에서 저농약 농산물, 무농약 농산물, 전환기 유기농 농산물, 유기농 농산물은 큰 차이가 있다. 그 차이를 보면 다음과 같다.

〈표 8-1〉 친환경 농산물 인증기준

구분	내용
	3년 이상 농약과 화학비료를 사용하지 않고 재배한 농산물을 말한다. 환경을 보전하고 소비자에게 안전한 농산물을 공급하기 위해 농약과 화학비료 및 사료첨가제 등의 합성 화학물질을 사용하지 않거나, 최소량만 사용하여 생산한다.
	농약(화학적으로 합성시킨 유기합성농약)을 전혀 사용하지 않으며, 화학비료는 권장 사용량의 3분의 1 이내로 사용한 농산물을 말한다.
	항생제, 합성항균제, 호르몬제가 포함되지 않은 유기사료를 급여하여 사육한 축산물이다. 농업생태계와 환경을 보전하며 생산된 축산물을 의미한다.
	항생제나 항균제를 사용하지 않고 무 항생제 사료를 먹여서 기른 축산물을 의미한다.

출처 : 농산물 품질 관리원

친환경 농산물로 인증된 상품에는 인증표지, 생산자, 품목, 생산지, 포장 장소, 전화번호, 인증기관명, 인증번호가 함께 표시되어 소비자에게 안전한 친환경 농산물이라는 사실을 증명한다.

친환경 인증은 초기에는 국립농산물품질관리원에서 시행하다 사설 기관인 한국유기농협회로 인증에 대한 관리가 이전되었다가 지금은 (사)한국친환경인증기관협회에서 시행하고 있다.

유기농 토마토

4. 해로운 트랜스 지방

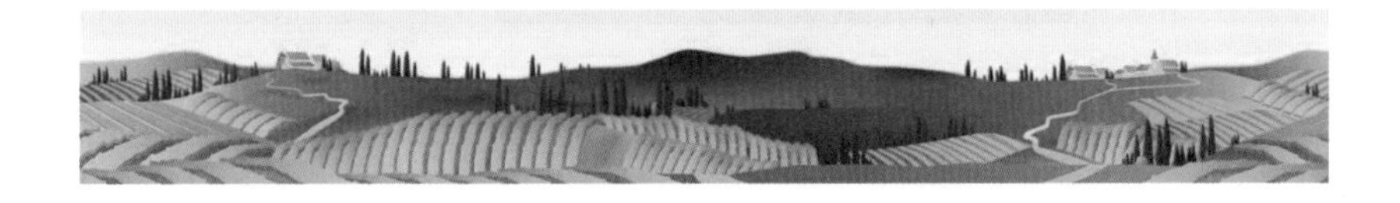

요즘 건강에 해롭다는 동물성 기름을 피하기 위해 동물성 버터 대신 식물성 마가린을 찾는 사람이 많다. 그러나 최근 '식물성 기름은 유해하지 않다'는 종래의 학설이 부분적으로 깨지고 있다. 이는 트랜스 지방 때문인데 트랜스 지방은 식물성 지방이다.

지방은 우리의 내장 기관을 보호하며, 체내에서 농축된 에너지를 공급해주는 공급원이고, 머리를 맑게 해주는 기능을 하므로 우리가 생존하기 위해서 꼭 필요한 물질이다.

원래 지방은 상온에서 고체 형태를 이루는 기름을 말하며 액체 상태인 기름과는 구별하지만, 본질적인 차이는 없다. 지방에는 소, 돼지기름 및 버터와 같은 동물성 지방과 마가린, 쇼트닝, 마요네즈와 같은 식물성 지방으로 나누어진다. 동물성 지방은 포화지방으로 나쁜 콜레스테롤도 많고 우리 몸에 쌓여서 비만과 동맥경화, 고지혈증 등을 일으키나, 식물성 지방은 불포화 지방으로 몸에 쌓이지 않고 우리 몸에 이롭다. 마찬가지로 생선 기름은 동물성 기름이지만 식물성처럼 몸에 좋다.

액체 상태의 식물성 유지는 유통기간이 짧고 저장과 운반에 문제가 많다. 따라서 식물성 기름을 이동하기 편리하고, 보관이 쉽고, 좀 더 맛있게 만들기 위해 수소를 첨가해 식물성 기름을 고체화하는 과정에서 생기는 지방을 트랜스 지방이라 한다.

결국 식물성 기름의 고체화는 식물성 기름을 버터처럼 맛있게 만들어보고자 노력하는 과정에서 발견된 것인데 수많은 연구와 실험의 결과, 식물성 기름이 버터처럼 고소한 풍미를 내기는 했지만, 그것이 건강에는 치명적이니 이것은 마치 식물성 기름의 성형부작용이라고 말할 수도 있겠다. 바삭바삭한 튀김이나 과자가 맛있어 보이지만, 여기에는 바로 우리의 생명을 단축하는 트랜스 지방이 많이 들어 있음을 알아야 한다.

트랜스 지방은 자연계에서는 존재하지 않기 때문에 체내에 들어가게 되면 소화가 되어야 하는데 트랜스 지방산의 98%를 분해하지 못하고 체내에 축적이 된다는 것이다. 결국 트랜스 지방은 체내에서 분해되지 못하고 체지방으로 축적되므로 비만과 고지혈증을 유발하게 된다. 나아가 혈액의 콜레스테롤 함량을 높여 동맥경화나 심장질환 등을 일으키는 요인이 된다. 또한 트랜스 지방 섭취를 2%만 늘려도, 심장병 발생 위험이 25% 증가하고, 유방암 발생률을 3.5배나 높인다는 연구도 있다. 이외에도 트랜스 지방으로 인한 비만은 물론 당뇨병, 대장암, 유방암의 발병 확률도 증가시키게 된다.

2006년 우리나라 식품의약품안전청(KFDA) 조사 결과 식품 100g당 트랜스 지방 함유량을 발표한 내용을 보면 다음과 같다.

〈표 8-2〉 식품 100g당 트랜스 지방 함유량

식품	함유량	식품	함유량
쇼트닝과 마가린	14.4g	전자레인지 팝콘	11.9g
도넛	4.7g	초콜릿 가공품	3.2g
감자튀김	2.9g	비스킷 류	2.8g
케익 류	2.5g	후라이드 치킨	0.9g
식용유	1.0g	닭튀김	0.9g,
피자	0.4g	햄버거	0.4g

출처 : 식품의약품안전청(KFDA) 조사결과

트랜스 지방의 유해성이 밝혀지면서 세계 각국은 앞 다투어 트랜스 지방이 함유된 식품을 규제하기 시작했다. 덴마크는 2004년부터 가공식품에 함유된 지방 중 트랜스 지방 함량이 2% 이상인 경우 판매를 금지하고 있다. 세계보건기구(WHO)도 하루 섭취열량 중 트랜스 지방에서 기인되는 열량이 1%를 넘지 않도록 권고(2000kcal 기준 트랜스 지방 약 2.2g에 해당)하고 있다. 우리나라도 2007년 12월부터 빵, 캔디, 초콜릿 등의 과자류나 면류, 레토르트식품, 음료 류 등의 식품에 들어 있는 트랜스 지방 및 콜레스테롤 함량을 반드시 표시하도록 의무화하였다.

그러나 식품업계의 트랜스 지방 제로 선언과 식약청의 의무표시제만으로 소비자들이 안심하기엔 사각지대가 너무 많다. 공장에서 생산되는 식품에는 트랜스 지방 함량 표시가 의무화되지만, 패스트푸드점, 제과점, 백화점, 지하매장 등의 조리식품은 의무화되지 않는다. 트랜스 지방은 고온과 고압의 조리 과정에서도 생성되므로, 패스트푸드 업체가 트랜스 지방이 없는 기름을 사용하더라도 조리 과정에서 생겨날 수도 있다.

트랜스 지방이 다량 함유되어 있는 음식을 숙지하여 많이 먹지 않는 것이 최선이다. 마가린, 쇼트닝, 마요네즈 등의 식재료는 물론 이런 재료들을 이용해 만든 팝콘, 크루아상, 도넛, 피자, 과자, 쿠키, 감자튀김, 햄버거, 초콜릿 가공품 등도 트랜스 지방 덩어리가 많기 때문에 되도록 자제하는 것이 좋다.

트랜스 지방을 줄이는 방법은 다음과 같다.

① 조리 시에는 마가린이나 쇼트닝 대신 올리브 오일이나 포도씨 오일을 사용하는 것이 좋다. 특히 올리브 오일에는 식물성 기름 중 유일하게 항산화제인 베타카로틴이 함유되어 있어서 노화 예방과 면역력 증가에 도움을 준다. 마가린을 꼭 사용해야 하는 경우에도 찻숟가락 1개 이상을 넘지 않도록 한다.

② 올리브유, 콩기름 등 식물성 기름이라도 상온에 뚜껑을 열어두었거나 햇빛이 많은 곳에 두면 트랜스 지방으로 변질될 수 있으므로 주의해야 한다.

③ 튀김기름을 몇 번씩 사용하면 트랜스 지방이 과다하게 발생하므로 한 번 사용한 기름은 아깝더라도 버리는 것이 좋다.

④ 생선이나 고기, 감자 등을 먹을 때는 되도록 기름에 튀기거나 기름을 두른 팬에 굽기보다는, 기름이 전혀 필요 없는 오븐이나 그릴에 굽는 조리법을 선택하도록 한다.

⑤ 과자 중에서도 팜유 등 식물성 기름으로 튀기는 스낵류는 괜찮다. 그러나 고체 기름이 들어가는 비스킷, 초콜릿, 쿠키, 케이크는 좋지 않다. 과자류에 고체 기름을 쓰면 모양을 예쁘게 만들고 기름진 맛을 낼 수 있게 하기 위해 대부분 업체들이 고체 기름을 사용하게 된다.

⑥ 전자레인지에서 조리하는 즉석 팝콘은 고체 기름으로 일단 튀긴 것이어서 좋지 않다. 트랜스 지방이 적은 팝콘을 먹고 싶다면 식물성 기름으로 튀겨 먹는 것이 좋다.

⑦ 닭튀김은 예전에는 쇼트닝을 이용해서 트랜스 지방이 많은 대표적인 음식이었지만 점점 액체 기름을 사용하여 트랜스 지방 안전지대로 바뀌고 있다. 식품의약품안전청이 시중에 파는 닭튀김을 수거해 분석한 결과 과거 고체 기름을 이용하던 업체가 대부분 액체 기름으로 바꾼 것으로 확인됐기 때문이다.

5. 발효식품의 효과

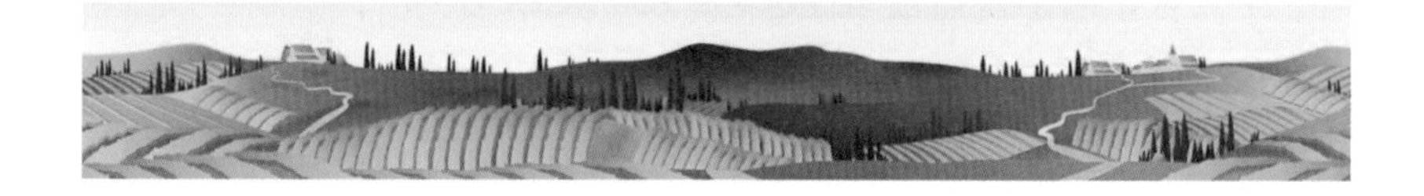

서울대 생명과학부의 연구에 의하면 김치에서 뽑아낸 유산균인 루코노스톡 시트륨 배양액을 조류 인플루엔자에 감염된 닭에게 먹였더니 사료만 먹은 닭은 13마리 가운데 7마리만 살아 남은 반면에 김치 유산균 배양액을 먹은 닭은 11마리나 살아남아 김치의 유산균의 효능이 전 세계에 알려지게 되었다.

이로 인해 미국 ABC 방송 인터넷판은 발효식품인 김치는 물론 양배추를 절여 만든 미국판 김치인 사우어크라우트까지 전 세계 시장에서 각광을 받고 있다고 보도했다. 발효식품은 우리 조상들만 생각해냈던 것이 아니라 세계적으로 각 지역의 민족들이 고대부터 사용하던 방법이다. 세계 여러 나라의 전통 식품에는 발효식품이 많이 있는데 사우어크라우트나 오이피클, 올리브 피클, 중국의 파오차이(泡菜) 등도 같은 원리로 만들어진 것이다. 우리나라에도 수천 년 동안 내려온 조상들의 지혜가 담겨져 있는 김치, 된장, 고추장, 각종 젓갈 등의 발효식품이 많이 있다.

원래 우리 민족은 쌀 위주의 식생활에 채소를 즐겨 먹었기에 봄, 여름, 가을에는 채소를 즐겨 먹을 수 있었지만, 겨울에는 먹기가 힘들었다. 겨울은 채소들이 생산되지 않고 저장 또한 어려웠기 때문이다. 채소를 장기간 저장하는 방법은 채소를 건조 시키거나 절이는 것이었다. 그러나 채소를 건조 시키면 조리했을 때 원래 맛을 잃을 뿐만 아니라 영양소의 손실을 가져왔다. 또한 채소를 소금에 절이면 채소가 연해지고 오래 저장할 수 있지만 소금의 삼투압 작용으로 채소의 수분을 빼앗아 미생물이 자라지 못하여 맛이 떨어졌다. 따라서 건조 처리나 소금 절임에 남다른 슬기를 동원할 수밖에 없었는데, 이것이 바로 김치가 등장하는 요인이다.

김치는 채소와 어패류를 묽은 농도의 소금에 절여 자가효소(自家酵素) 작용과 호염성 세균(好鹽性 細菌)의 발효작용으로 인해 아미노산과 젖산을 생산하는 숙성 현상을 이용해 맛이 좋은 발효식품을 만들 수 있었던 것이다. 그러나 김치가 다른 나라의 저장 식품과 다른 것은 채소를 절인 후에 갖가지 향신료와 양념, 젓갈을 혼합하고 고추 등으로 색깔과 맛을 가미하기 때문이다. 김치의 경우는 소금의 역할에 이어 발효 작용이 함께 작용하는 복합체계를 형성한다. 다시 말해 김치는 세계 어느 나라에도 유례없는 독자적인 발효식품이라는 뜻이다.

음식을 약으로 보는 사람도 많이 있다. 음식에 있는 독성을 어떻게 제거할 것인가라는 문제가 음식 문화를 발달하게 만들었다. 음식을 뜨거운 불에 요리함으로써 음식 재료가 가지고 있는 독을 제거할 수도 있기 때문에 따뜻한 음식 문화가 발달되었고, 소금에 절여둠으로써 오랫동안 보존할 수 있는 발효식품이 발달된 것이다.

발효식품은 오늘날 흔히 말하는 유산균이 있는 식품이며 각 나라의 장수노인들은 발효식품을 즐겨 먹었던 것으로 나타났다. 발효식품의 종류에는 다음과 같은 것이 있다.

〈표 8-3〉 발효식품의 종류

종류	식품 명	주요 원료	주요 미생물
효모	맥주	보리	맥주 효모
	포도주	포도	포도주 효모
	과실수	과실	효모
	빵	밀가루	빵 효모
세균	요구르트	우유	젖산균
곰팡이	소주	쌀·고구마	누룩곰팡이, 알코올 효모
	매주	콩	누룩곰팡이

세균·효모	김치류	채소	젖산균, 효모
	식초	쌀·술지게미	효모, 아세트산균
곰팡이·효모·젖산균	청주	쌀	누룩곰팡이, 청주효모, 젖산균
	간장	콩·밀	누룩곰팡이, 간장효모, 젖산균
	된장	콩·쌀·보리	누룩곰팡이, 효모, 젖산균
	고추장	콩·찹쌀가루·고춧가루·밀가루	누룩곰팡이, 효모, 젖산균

1) 된장

된장은 전통 발효식품 가운데 항암효과가 탁월할 뿐만 아니라 간 기능의 회복과 간 해독, 항암 작용, 콜레스테롤 수치 저하에도 효과가 있다.

2) 젓갈

젓갈은 효능 발효식품으로서 필수아미노산, 무기질 류, 비타민, 핵산, 칼슘 등 인체에 필요한 영양소를 다량 함유하고 있다. 젓갈은 이미 발효가 된 상태이기 때문에 김치의 숙성을 촉진 시키면서 필수아미노산의 함량을 높여준다. 젓갈은 김치의 맛을 더욱 좋게 하면서 영양도 더욱 풍부하게 해주는 작용을 한다.

3) 청국장

청국장은 겨울철에 마련하는 영양분이 많고 소화가 잘되는 인스턴트 식품이다. 배양균을 첨가하면 하루 만에 만들어 먹을 수 있다. 청국장 발효의 주역은 고초균으로 장내 부패균의 활동을 약화 시키고 병원균에 대한 항균 작용을 하고 각종 발암물질이나 암모니아, 인돌, 아민류 등의 생성을 감소시켜 주게 된다.

4) 고추장

고추장의 매운맛은 자극성이 있어 우리의 식욕을 돋우는 데 매우 효과적이며 비타민 A가 많다.

5) 간장

간장은 25% 정도의 염분을 함유하며, 아미노산을 주로 한 독특한 맛이 난다. 옛날부터 간장 맛이 좋아야 음식 맛을 낼 수 있다고 하여 간장은 식생활에 중요한 조미료였다.

6) 치즈

치즈는 쇠고기에 비해 단백질이 약 1.5배, 칼슘은 약 200배가 더 들어 있어 '흰 고기'라 불리기도 한다. 또 숙성 과정을 거치므로 장에서의 단백질 소화가 쉬울 뿐 아니라 양질의 지방과 비타민 A, B2, 칼슘, 구리, 철분, 아연 등이 충분히 함유되어 어린이의 성장 발육과 여성의 미용에 효과가 있다.

7) 야쿠르트

서양의 대표적인 발효식품인 야쿠르트는 몸에 해로운 대장균이 자라기 쉽기 때문에 우유에 대한 인위적인 살균과 멸균작업을 해야 한다. 또한 김치에는 유산균 음료인 요구르트의 4배에 해당하는 유산균이 함유되어 있다.

7) 포도주

포도주를 마시는 사람은 비음주자에 비해 사망률이 낮고 활성산소의 제거 능력이 탁월한 것으로 나타나고 있다. 매일 3~5잔씩 마시는 사람은 사망률에 대한 위험도가 약 40% 저하되었다. 레드 와인에는 안토시안닌(Anthocyanin)이 다량 함유되어 있으며 세포 독성을 감소 시킨다. 건강체의 면역 시스템에 적당한 자극을 주고, 방사선 노출에 의한 면역 장애와 혈소판 응집 제어의 효능이 있다고 한다.

화이트 와인에는 칼륨, 칼슘, 마그네슘 등의 미네랄이 다량 함유되어 있어 이뇨 작용이 좋으며, 식욕 증진 효과가 있다.

6. 친환경 계란의 정체

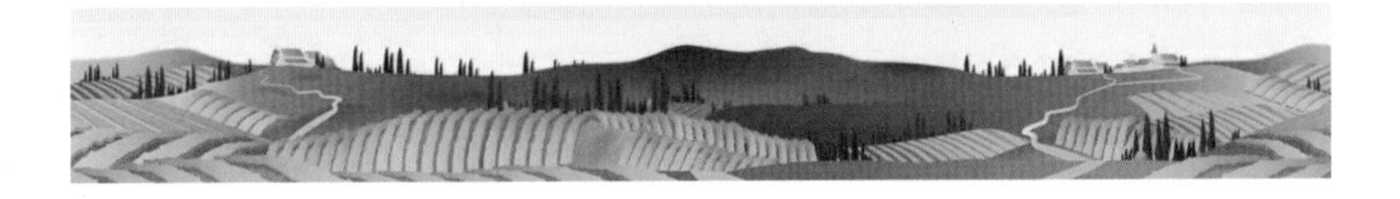

2017년 살충제 계란 사건에서 일반 농가도 아닌 친환경 인증을 받은 농장에서 살충제 계란이 생산되었다는 점에서 소비자들에게 더욱 큰 충격을 주었다. 실제로 정부의 1차 조사에서 부적합 계란 확정 판정을 받은 농장 6곳 중 5곳이 친환경 인증 농장이었고, 일반 농장은 한 곳뿐이었다. 그래서 소비자들은 친환경 인증 계란이 더 문제라는 생각을 갖게 되었다.

계란의 생성 과정은 친환경 계란이나 일반 계란이나 동일하지만 친환경 인증 계란은 말 그대로 자연환경을 오염시키지 않고 자연 그대로의 환경과 잘 어울리는 계란으로 그만큼 안전한 계란을 생산할 수 있다는 데서 차이가 있다고 보면 된다.

그런데 친환경 인증 계란에서 유독 살충제 성분이 많이 검출된 이유는 정부가 살충제 계란 파문을 계기로 실시한 전국 산란계 농장 중 친환경 농장은 320종의 농약 검사를 전부 하지만 일반 농장은 27종만 검사를 했기 때문이다. 특히 피프로닐만큼이나 국민들에게 충격을 준 DDT 성분은 일반 농장의 농약 검사 27종에는 포함되지 않아 친환경 농장에서만 검사가 이뤄졌기 때문이다.

1) 친환경 계란의 종류

친환경 계란은 무항생제 계란과 유기축산 계란으로 나눈다. 무항생제 계란은 닭에게 항생제를 쓰지 않고 사육하는 닭에서 나온 계란을 말한다. 유기축산 계란은 합성농약, 화학비료 및 항생·항균제 등 화학자재를 사용하지 않고 사육하는 닭에서 나온 계란을 말한다. 무항생제 계란과 유기축산 계란 모두 살충제 사용은 금지돼 있으며, 살충제 사용 여부를 가리기 위해 1년에 2차례 잔류 물질 검사를 받는다. 검사 결과 금지된 성분이나 기준치를 넘는 양이 나오면 인증은 취소된다. 전체 산란계 농가 1,456곳의 절반이 넘는 780곳이 친환경 인증을 받았다.

무항생제 친환경 마크와 유기축산물 친환경 마크

계란은 영양가에 비해 에너지가 낮고 소화 흡수가 잘되면서 가격이 아주 저렴하다. 계란 2개는 고기 57~89g의 영양 가치와 같으며, 보통 계란 2개에 단백질이 12g이 들어 있어 이것만으로도 인간이 하루에 필요한 단백질의 30%를 충당할 수 있다. 흰자위의 단백질은 오브알부민(ovalbumin)·콘알부민(conalbumin)·오보뮤코이드(ovomucoid)·글로불린(globulin)·오보뮤신(ovomucin)·아비딘(avidin)등 6종으로 구성되어 있고 노른자위는 리포비텔린(lipovitellin)과 리포비텔레닌(lipovitellenin) 2종으로 구성되어 있다. 그리고 지방이 32.6%나 들어 있는데 소화 흡수가 잘되어 98%의 소화율을 나타낸다.

2) 기능성 계란의 종류

계란을 파는 곳에 가보면 수많은 종류의 계란이 있는데 크게 일반 계란, 기능성 계란, 유기농 계란, 무호르몬으로 불리는 친환경 계란으로 나눌 수 있다. 기능성 계란이란 계란이 갖는 기능성 물질 중 소량으로 존재하거나 없는 물질을 사료, 미생물 또는 인위적인 방법을 이용하여 계란 내에 축적 시킨 계란을 말한다. 기능성 계란에는 율무홍란, 목초란, 부추란, 황토란, DHA란, 유황란, 버섯란, 마늘란, 비타민 강화란 등으로 영양소 함량에서의 차이는 어떤 기능성 물질인가에 따라 차이는 있을 수 있으나 기능성 물질을 제외한 다른 성분이나 영양가 면에서는 큰 차이는 없다.

〈표 8-4〉 기능성 계란의 종류

구분	내용
율무홍란	사료에 율무부산물을 넣어서 저콜레스테롤과 고칼슘 기능을 추가한 계란
목초란	비타민 B복합체 수용성 비타민인 천연 엽산이 들어 있는 목초액을 먹인 닭이 낳은 계란
부추란	부추를 먹인 닭에서 낳은 계란
황토란	황토를 유기 사료에 첨가하여 먹인 닭에서 낳은 계란으로 신선하고 고소한 유기농 계란
DHA란	기억력과 집중력을 높여주고 치매예방에 좋은 DHA가 함유된 계란
유황란	염증제거와 살균 작용에 좋은 유황을 사료에 넣어 먹인 닭이 낳은 계란
버섯란	버섯을 사료로 먹여 키운 닭에서 나온 계란
마늘란	마늘을 사료에 섞어 먹여 키운 닭이 낳은 계란
비타민강화란	비타민을 강화 시킨 계란

3) 계란 이력제

2017년 계란에서 살충제 성분이 검출돼 충격을 받은 소비자들은 계란 생산지가 어디인지, 생산자가 누구인지, 어떤 환경에서 자랐는지가 알고 싶어 했다. 이에 정부는 2019년부터 쇠고기와 돼지고기에 시행하고 있던 축산물 이력제를 닭고기와 계란에도 적용하고 있다.

이에 따라 식품의약품안전처는 계란 난각에 산란 일자(4자), 생산자 고유 번호(5자), 사육 환경 번호(1) 등을 표시하도록 하였다. 여기서 생산자 고유번호는 생산농장의 사업장 명칭, 소재지 등의 정보로서 식약처 식품안전나라 및 농식품부 홈페이지에서 확인할 수 있다. 사육환경번호는 농장별 사육 환경을 말하는데 유기농은 '1', 방사 사육은 '2', 축사 내 평사는 '3', 케이지 사육은 '4'로 표시한다. 따라서 난각에 표시된 이력제 표시를 보면 계란이 언제 어느 농장에서 어떤 사육 환경에서 나왔는지를 알 수 있다.

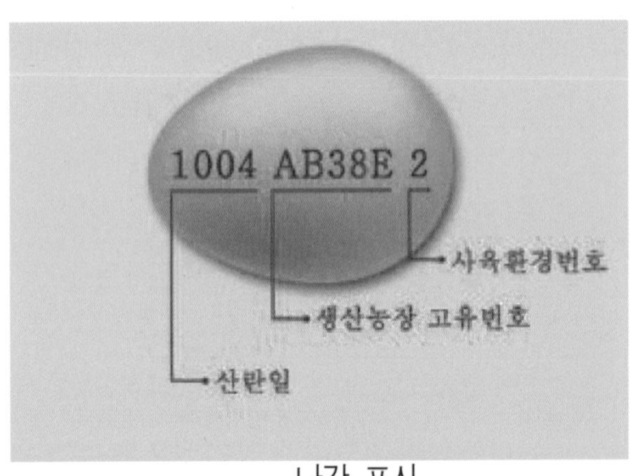

난각 표시

난각 표시를 통한 먹거리의 안전을 보장하려는 정부의 노력에도 불구하고 난각 표시를 위조하는 농장이 생기고, 아직도 계란에 대해 신뢰하지 못하는 소비자들을 위하여 정부는 달걀의 난각 표시를 위·변조하거나 미표시하는 경우 행정처분을 강화하는 것을 내용으로 하는 「축산물 위생관리법 시행규칙」 일부를 개정하였다.

내용을 보면 계란의 난각 표시를 위·변조하거나 미표시하는 경우 행정처분 기준을 강화하고, 난각에 산란일 또는 고유번호를 미표시한 경우의 행정처분 기준을 1차 위반 시 현행 경고에서 영업정지 15일과 해당 제품을 폐기하는 것으로 강화하였다. 또한 난각의 표시사항을 위·변조한 경우 1차 위반만으로도 영업소 폐쇄 및 해당 제품을 폐기할 수 있도록 처분기준을 마련하였다.

7. 놀라운 삼겹살 사랑

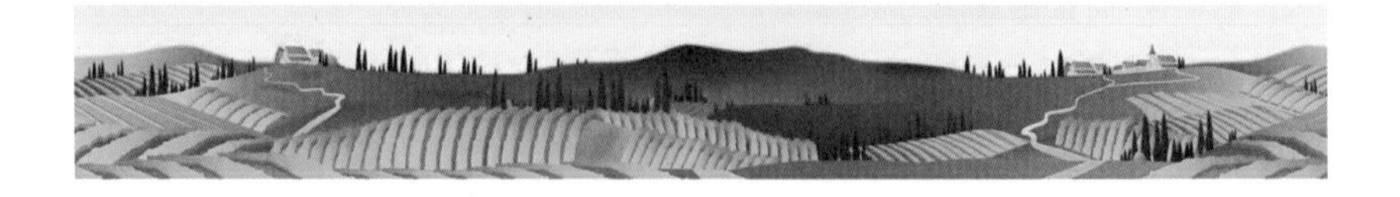

현재 우리나라에서 돼지고기 판매량의 약 80%가 삼겹살이라는 점을 들어 한국을 대표하는 음식은 불고기라는 것에 반대하고 단연 삼겹살이라고 주장하는 사람이 늘고 있다. 실제로도 주변 식당을 둘러보면 거의 대부분 삼겹살을 팔고 있다. 식당 어디를 가도 소주 안주로 꼭 선택하는 것이 삼겹살이었던 것이 이제는 가족의 건강식이 되었다.

대한양돈협회는 "삼겹살 말고 다른 부위도 먹자"는 광고 캠페인을 지속적으로 펼쳐오고 있지만 삼겹살 소비는 더욱 늘고만 있다. 고기별로 1인당 평균 소비량을 보면 소고기가 6.8㎏이고, 닭고기가 8.0㎏, 삼겹살 소비량은 9㎏으로 가장 높다.

우리가 삼겹살을 먹게 된 것은 그리 오래되지 않았다. 한국 음식에서 양념하지 않은 고기를 불에 직접 구워먹는 것은 적어도 선호되는 조리법이 아니었다. 삼겹살이 지금과 같이 인기를 얻게 된 것은 1960년대 소주 가격이 떨어지면서 그에 어울리는 안주로 값싼 돼지고기를 구워먹게 되었다거나, 탄광에서 분진을 많이 마시는 광부들이 목의 분진을 삼겹살의 기름기를 통해 걷어내기 위해 먹기 시작했다고 한다. 이처럼 돼지고기를 먹기 시작했던 시점이 먹고 살기 어려운 시절에 비교적 가격이 저렴한 돼지고기를 선택하게 됐고, 사회적으로 가난했던 계층들이 노동 후에 소주 한잔과 함께 삼겹살을 먹게 되었다. 삼겹살이 목이나 폐의 건강에 좋다는 이야기가 퍼지면서 급속하게 확산된 것만큼은 확실하다. 결국 삼겹살이 한국의 음식문화에 본격적으로 등장한 것을 돌이켜보면 기껏해야 1990년대 이후부터라고 할 수 있다.

세계적으로 삼겹살을 가장 선호하는 것은 당연히 우리나라다. 우리나라에서 삼겹살에 대한 인기가 끊이지 않는 이유를 분석해보면 다음과 같은 특징을 가지고 있다. 삼겹살의 맛은 다른 돼지고기의 부위에 비하여 특별한 맛 성분이 포함되어 있지 않고 비슷하다. 다만, 삼겹살은 다른 부위에 비하여 지방 성분이 많은데 전체 성분의 28.4%가 지방이다. 삼겹살이 지방이 많다는 것은 퍽퍽한 돼지고기의 씹는 맛을 고소하고 부드럽게 하고, 쉽게 넘어가게 해주는 역할을 수행하기 때문에 삼겹살을 찾는 이유가 된다. 또한 지방 함량이 삼겹살 특유의 맛과 향을 극대화 시킨다. 삼겹살을 가열하면 지방과 단백질에서 휘발성 물질이 생겨 고소한 향이 되어 우리의 입맛을 돋운다는 것이다. 뿐만 아니라 우리나라의 쌈 문화에 돼지고기는 상추, 깻잎 그리고 소금, 기름장 등과 함께 싸 먹을 수 있다는 것 때문에 문화적으로도 친근하기 때문이라고도 한다.

한국은 세계에서 삼겹살을 가장 많이 수입하는 나라로 현재 16개국에서 수입하고 있다. 문제는 돼지 한 마리에서 나오는 삼겹살은 뱃살 부분으로 돼지 한 마리를 잡으면 전체 고기양 중에서 약 10% 정도밖에 안 되기 때문에 다른 부위는 찾지 않아 찬밥신세가 되고 있다는 것이다. 돼지 축산농가는 삼겹살이 아닌 나머지 부위는 헐값에 넘겨야 하기에 갈수록 울상을 짓고 있다. 더구나 저가의 외국산 삼겹살 수입이 늘어 국산 돼지고기의 기타 부위 판매는 더욱 감소하고 있는 추세다. 이를 반영이라도 하듯 한국농수산물유통공사와 한국육류유통수출입협회에 따르면 삼겹살 수입액은 지난해보다 수입량이 77%나 증가했다고 한다.

이렇게 많은 양을 외국에서 수입하다 보니 국산 돼지의 삼겹살은 찾아보기 어려울 뿐만 아니라 원산지를 속이고 일부에서는 국내산인 것처럼 속여 값을 받고 있다고 한다. 뿐만 아니라 그래도 삼겹살이 부족하다 보니 최근에는 돼지 앞다리나 뒷다리, 머리 고기 등 다른 부위를 비계와 함께 섞은 '가짜 삼겹살' 또는 '값싼 수입 냉동 삼겹살'이 판매된다는 보도까지 있었다. 정상

가격으로는 도저히 이윤이 남지 않기 때문에 가짜 삼겹살일 가능성이 높다는 것이 업계의 설명이기도 하다.

〈표 8-5〉 국내산과 수입산 삼겹살 구분 방법

국산 삼겹살	수입 삼겹살
고기는 선명한 붉은 색	고기는 어두운 붉은 색
지방은 흰색	지방은 회색
구우면 지방이 액체 상태로 분리	구우면 지방이 흰색으로 응고
지방층이 두껍고 등심이 붙어 있음	지방층이 얇고 등심이 붙어 있지 않음
면이 고르지 않다.	면이 고르다.

자료 : 국립농산물품질관리원

바른 먹거리만 사용하는 ㈜장충동왕족발

8. 불안한 육가공 제품

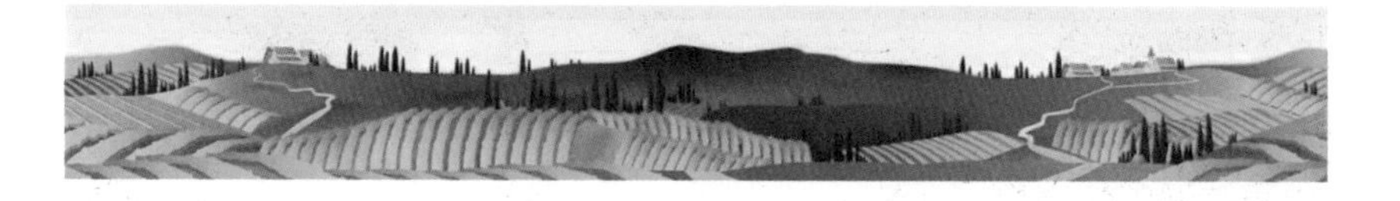

1) 소시지

소시지는 돼지고기나 쇠고기를 곱게 갈아 소금을 넣어 동물의 창자 또는 인공 케이싱에 채운 고기 가공품을 말한다. 한국산업규격(KS)에서 정한 소시지의 정의를 보면 축산물의 가공기준 및 성분규격에서 소시지류로 분류하여 식육을 염지 또는 염지하지 않고 분쇄하거나 잘게 갈아낸 것이나 식육에 조미료 및 향신료 등을 첨가한 후 케이싱에 충전하여 냉동, 냉장한 것 또는 훈연하거나 열처리한 것(육 함량 70% 이상, 전분 10% 이하의 것)으로 정의 내리고 있다.

원래 소시지는 좋은 고기를 먹을 수 없는 가난한 사람들을 위해서 소나 돼지의 뼈와 지방 덩어리를 제외하고 먹을 수 있는 부분인 골·혀·귀·염통·콩팥·코·창자·피 등의 부산물을 이용하여 만들었다.

소시지의 역사는 BC 9세기경에 작성된 호메로스의 《오디세이아》에서 병사들이 고기반 죽을 만들어 창자에 채운 것을 먹었다고 하는 기록이 있다. 4세기에는 콘스탄티누스 대제가 일반 서민은 소시지같이 맛있는 것을 먹는다는 것은 사치이므로 먹어서는 안 된다는 금지령을 내리기까지 하였다.

소시지를 만드는 방법이 비교적 쉽고, 소고기, 돼지고기, 닭고기, 면양고기, 염소고기, 토끼고기, 생선 등과 햄 등을 만들 때 얻어지는 잔육, 내장류, 혈액 등을 원료로 하여 어떠한 고기라도 사용할 수 있어 세계적으로 널리 애용되고 있는 식품이다. 나라에 따라서는 돼지고기 100%의 것만을 소시지라 하고 다른 고기를 혼합한 것은 소시지 고기라 한다. 한국 소시지의 대부분은 돼지고기·쇠고기·닭고기·토끼고기·생선의 혼합물로서 돼지고기만으로 된 것은 드물다.

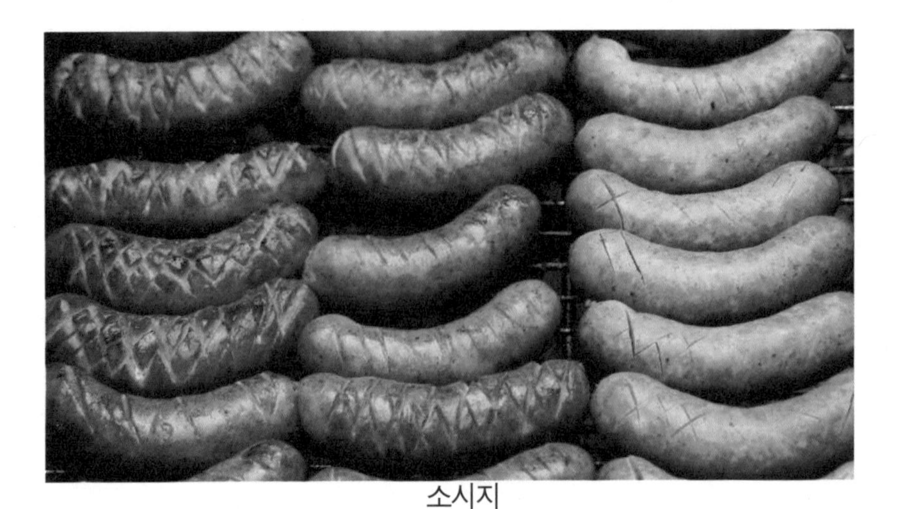

소시지

① **소시지 만드는 방법**

소시지를 만들기 위해서는 소나 돼지의 원료육을 작게 썰어 소금이나 질산염류를 가하여 하루 동안 쟁여둔다. 이것을 가늘게 썰고 입맛을 좋게 하는 첨가물이나 돼지기름 등을 가하여 잘 섞은 다음 케이싱에 채워 끓는 물에 삶는다. 소시지를 만드는 케이싱으로 옛날에는 양의 창자를 사용하였으나 점점 적어져 현재는 돼지 창자나 인공 케이싱을 사용한다. 인공 케이싱으로는 셀로판, 폴리에틸렌, 염산고무, 폴리염화비닐, 염화비닐 염화비닐리덴 혼성 중합체, 폴리에스테르 등의 필름이 있다.

소시지 제조회사에서는 햄을 만들 때 나오는 부스러기 고기를 사용하는데, 돼지기름을 많이 넣으면 유연성이 증가되고 입에 닿는 촉감이 좋아진다. 따라서 소시지는 영양적으로는 햄보다 단백질이 적은 반면 지방질이 많으므로 칼로리가 높다.

② 소시지의 종류

소시지는 크게 더메스틱 소시지(domestic sausage)와 드라이 소시지(dry sausage)로 나눈다.

더메스틱 소시지는 흔히 볼 수 있는 소시지로 원료육을 케이싱에 넣어 끓는 물에 삶은 소시지를 말하며, 가열 소시지라고도 한다. 수분 함량이 많으므로 신선 식료품으로 취급해야 한다. 만드는 재료에 따라 돼지고기·비엔나·볼로냐·프랑크푸르트·간·혈액·리오나 소시지 등이 있다.

〈표 8-6〉 더메스틱 소시지

구분	내용
간 소시지	소시지 1종과 3종 중에서 원료 장기류로 가축 및 가금류의 간만을 사용한 것으로 그 제품에 대한 무게 비율이 15% 이상 40% 미만인 것
편육 소시지	소시지 1종, 2종, 3종 중에서 원료 장기류로 지방, 귀, 코 등의 가식부분과 머리고기를 사용한 것으로 그 제품에 대한 가식부분 및 머리고기의 무게 비율이 50% 이상인 것
순대 소시지	소시지 1종, 2종, 3종, 4종 중에서 소 및 돼지의 혈액을 사용한 것으로 그 제품에 대한 혈액의 무게 비율이 10% 이상 40% 미만인 것

출처 : 한국산업규격(KS)

드라이 소시지는 케이싱에 채운 다음 훈연하여 건조 시킨 것으로 보존성이 좋으나 보존성을 높이기 위하여 소금·향신료 등을 다량으로 넣은 것이 많다.

〈표 8-7〉 드라이 소시지

구분	내용
비엔나소시지	소시지 1종 또는 3종(2종+중량 결착제는 제외), 케이싱으로 양의 창자를 사용한 것 또는 인공 케이싱을 사용한 제품으로 지름 20mm 미만인 것
프랑크푸르트 소시지	소시지 1종 또는 3종(2종+중량 결착제는 제외) 중에서, 케이싱으로 돼지의 창자를 사용한 것 또는 인공 케이싱을 사용한 제품으로 지름 20mm 이상 36mm 미만인 것
블로냐소시지	소시지 1종 또는 3종(2종+중량 결착제는 제외) 중에서, 케이싱으로 소의 창자를 사용한 것 또는 인공 케이싱을 사용한 제품으로 지름 36mm 이상인 것
고명소시지	소시지 4종 중에서, 원료 장기류를 혼합하지 않은 것

출처 : 한국산업규격(KS)

2) 햄

햄(ham)이란 본래 돼지고기의 넓적다리 살을 의미하는 것으로 돼지고기를 소금에 절인 후, 훈연하여 독특한 풍미와 방부성을 갖게 만든 가공식품을 말한다. 햄은 대표적인 육가공 제품으로 원래는 돼지고기의 넓적다리 살로만 만들었는데 지금은 다른 부위를 사용하기도 하고, 돼지고기 이외에도 쇠고기·양고기·토끼고기·닭고기·칠면조 등으로 만들기도 한다. 햄의 가장 큰 특징은 훈연을 거쳐야 비로소 완성되는데 훈연 과정에서 연기 속에 포함된 알데하이드류나 페놀류가 고기 속에 침투하여 방부 효과가 증가되는 동시에 독특한 풍미를 가지게 된다.

햄의 기원은 BC 1000년경에 그리스에서 고기를 오랫동안 보관하거나 고기의 누린내를 제거하기 위해서 훈연하거나 소금에 절인 고기를 먹었다는 기록이 있다. 로마 시대에 와서는 연회에서 사용하거나 멀리 원정을 떠나는

군대에서 오랫동안 보관이 필요한 휴대 식량으로 사용되었다.

햄의 주성분은 단백질과 지질로 구성되어 있으며, 단백질은 필수아미노산을 골고루 함유하고 있는 우수한 단백질이므로 영양가가 높지만, 비타민류의 함유량은 적다. 햄은 만들 때 보존료가 사용되지만, 보존성은 과히 좋지 않아 구매하면 통째로 냉장고에 보관해야 한다. 냉장고에 보관하면 한 달쯤은 견디나 얇게 썰어 놓은 것은 며칠밖에 못 가고 상하므로 주의해야 한다.

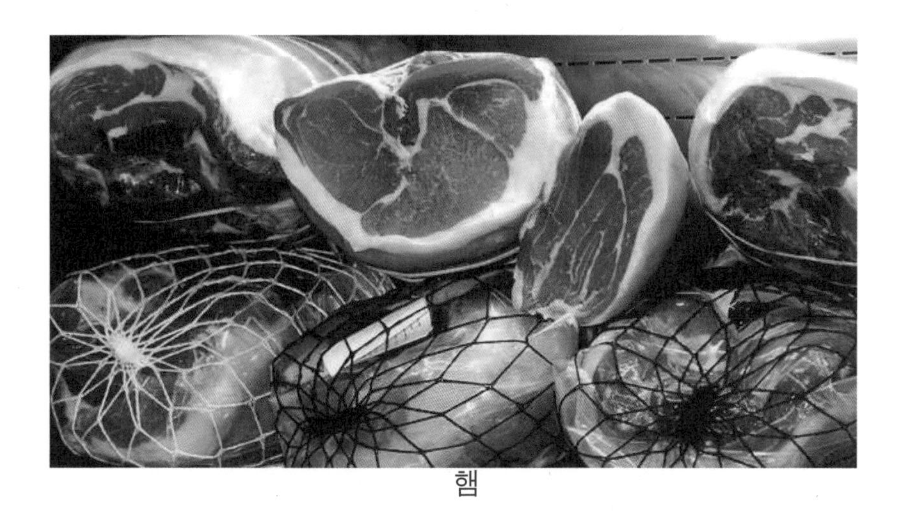

햄

① 햄을 만드는 방법

- 햄으로 만들려는 부분의 돼지고기를 적당한 크기로 모양을 다듬는다.
- 부패의 원인이 되는 혈액이나 액즙을 제거하기 위하여 고기양의 2~4%의 소금과 0.2~0.4%의 질산칼륨을 고기 표면 전체에 문질러서 약 5일간 5℃ 가량의 한랭한 장소에 쌓아 둔다.
- 소금에 절인다. 소금에 절이는 방법에는 염수법과 건염법이 있다. 염수법은 아질산 및 질산의 나트륨 또는 칼륨염과 같은 발색제와 설탕 등을 가한 소금물에 고기를 담가 절인다. 건염법은 고기를 잘게 갈아서 조미료·식품첨가물·향신료·녹말 등을 섞어서 반죽하여 발색제를 가한 소금을

직접 고기에 뿌린다.

- 훈연은 벚나무나 참나무 같은 단단하고 나무의 기름이 적은 나무를 불완전 연소시켜서, 그 연기를 쏘인다. 요즘 나온 인공 케이싱을 이용하여 만든 햄은 연기를 통하지 않고, 미리 연기의 엑기스를 섞어 훈연을 생략하는 경우가 많다.
- 훈연 후 70℃에서 2~3시간 가열하여 고기 속의 유해 미생물을 없앤다.
- 냉각시켜서 끈을 다시 매면 제품이 된다.

② 햄의 종류

햄의 종류는 고기의 종류나 부위, 가열 방법에 따라서 다음과 같이 나눈다.

〈표 8-8〉 햄의 종류

구분	내용
본레스햄	돼지의 넓적다리에서 뼈를 빼고, 염수한 후 셀로판이나 헝겊으로 원통형으로 감아서 훈연한 것
보일드햄	훈연하지 않고 가열만으로 만든 것
락스햄	고기 부스러기를 모아서 만든 것
프레스햄	일본에서 돼지고기 외에 쇠고기·양고기·토끼고기·닭고기 등을 섞어 건염하여 만든 것
로스트햄	염수한 고기를 오븐이나 불 위에서 구워 만든 햄
벨리햄	염지한 돼지의 복부 육을 정형한 후 케이싱에 충전하고 훈연하거나 또는 익힌 것
숄더햄	어깨살로 만든 것
하몽	돼지 뒷다리의 넓적다리 부분을 통째로 잘라 소금에 절여 건조·숙성시켜 만든 스페인의 대표적인 생 햄

3) 햄·소시지의 문제점

원래 소시지는 여러 가지 고기의 부산물로 만들었기 때문에 내용물이 정확히 무엇인지를 몰라서 찜찜한 육가공품이었다. 그러나 햄·소시지는 아이들이 좋아하는 것들이며, 햄버거나 피자에 꼭 들어가는 재료이며, 학교 급식에도 육가공품을 반찬으로 사용하는 곳이 많다. 입맛이 없거나 반찬 투정하던 아이들도 햄·소시지는 반겨하는 경우도 많다.

그런데 WHO 산하 국제암연구소(IARC)가 햄·소시지·베이컨 등의 가공육을 1군(Group1) 발암물질로 분류해 아주 위험한 육가공품이라고 발표하고, 유럽에서 육가공품을 먹은 사람들이 E형 간염에 걸렸다는 소식은 사람들에게 큰 충격을 줄 수밖에 없었다.

이로 인해서 햄·소시지를 좋아하던 사람들마저도 충격을 금치 못해 햄·소시지를 멀리하게 되고, 평소에 햄·소시지를 좋아하지 않던 사람들마저도 육가공품에 대한 기피 현상은 더욱 심화되었다. 아이들의 건강에 좋지 않다는 이유로 주부들의 장바구니에서 소시지가 점차 사라져가고 있다. 과연 소시지의 무엇이 좋고 나쁜지를 알아보면 다음과 같다.

① 1군 발암물질

2015년 WHO 산하 국제암연구소(IARC)는 햄·소시지·베이컨을 1군(Group1) 발암물질로 분류하였고, JTBC 뉴스에서는 매일 가공육 50g(베이컨 2조각 정도)을 먹으면 발암 가능성이 18% 증가하고, 가공육 섭취로 인한 암 사망자가 매년 3만 4천 명에 이르고 있다고 보도하였다.

햄·소시지·베이컨을 술과 담배, 석면, 플루토늄 등과 같은 군으로 1군(Group1) 발암물질로 분류한 것을 보면 가공육에 들어 있는 발암 의심 화학물질이 매우 위험하기 때문이다. 가공육에서 발암 의심 화학물질이 생기는 이유는 고기를 굽거나 튀기는 등 고온에서 익히는 과정에서 N-니트로소와 미세먼지의 주성분인 다환방향족탄화수소(PAHAS)라고 불리는 독소가 생긴다는 것이다.

② 첨가제 사용

햄·소시지에는 여러 가지 고기를 혼합하기 때문에 맛과 풍미를 높이기 위해서는 각종 첨가제가 재료로 사용된다. 첨가제 중에는 안전한 것도 있지만 안전하지 않은 첨가제가 들어갈 수 있기 때문에 소시지를 먹을 때는 만든 재료가 무엇인지, 첨가물은 식용이 가능한 것인지를 확인해야 한다.

예를 들어서 시중에 판매되는 소시지와 햄은 주로 돼지고기와 닭고기를 사용하며, 기본적으로 증량제로 전분을 사용하기도 하며, 맛과 풍미, 저장성을 좋게 하는 소금과 설탕, 조직감과 다즙성을 올려주는 인산염, 색상과 저장성을 높여주는 아질산염을 넣어서 만든다. 이외에도 햄·소시지를 만드는 회사에 따라 차별성 있는 맛과 풍미를 높이기 위해서 다양한 첨가제를 넣는 것으로 알려져 있다. 햄·소시지에는 발색제, 보존제, 향미증진제로 사용되는 아질산나트륨 등이 들어가는데 보존제는 대장암을 일으키기도 하며, 아질산나트륨은 첨가물에 취약한 성장기 어린이들의 경우 혈관 확장, 빈혈, 구토, 호흡기 장애 등을 일으킬 수 있다.

문제는 가공육 공장에서 출하된 제품에도 재료나 첨가물이 제대로 명기가 되어 있지 않은데 수제로 가내에서 만들어 파는 소시지에는 어떤 것이 들어가 있는지 전혀 파악되지 않는다는 것이다. 따라서 햄·소시지를 만들어서 판매하기 위해서는 되도록 첨가제의 양을 줄여야 하며, 첨가제는 인체에 유해하지 않은 것으로 해야 하며, 첨가제가 어떤 것이 들어갔는지를 확인할 수 있게 해야 한다.

③ 불확실한 재료

햄·소시지의 주재료는 고기를 이용하여 만든다. 정성껏 좋은 고기로 안전한 방법으로 만들면 좋은 단백질 공급원이 되기에 딱 맞는 기호 식품이다. 그러나 시중에 나와 있는 햄·소시지에서는 수익을 높이기 위해서 재료에 표기는 했지만, 그것이 과연 얼마나 들어갔는지 정확한 부위가 들어갔는지를 확인하기는 어렵다. 소시지가 처음 만들어질 때도 고기의 부산물들을 전부 합쳐서 만들었듯이 햄·소시지를 만들 때 얼마나 정직하게 만들었느냐가 국민들의 건강에 영향을 미칠 수 있다. 질이 나쁜 고기나 먹기 어려운 부위를 전부 갈아서 만들 수도 있다는 소비자의 판단 때문에 햄·소시지를 만들 때는 좋은 재료를 사용해야 하며, 재료를 정확히 확인할 수 있도록 해서 소비자의 신뢰감을 높여야 한다.

④ 염분과 지방

햄·소시지는 제조 공정 중에 높은 수준의 소금이 들어가며, 햄·소시지를 부드럽게 하기 위해서는 지방을 일부라도 넣어야 한다. 햄·소시지에 들어 있는 소금 때문에 하루 필요한 나트륨양보다 더 많은 양을 섭취해야 하며 이로 인해서 성인병을 얻게 된다. 또한 지방을 많이 집어넣게 되면 고열량이 되면서 비만하게 만든다. 따라서 햄·소시지를 만들어서 판매하기 위해서는 염분과 지방을 줄여야 한다.

9. 지나치면 독이 되는 커피

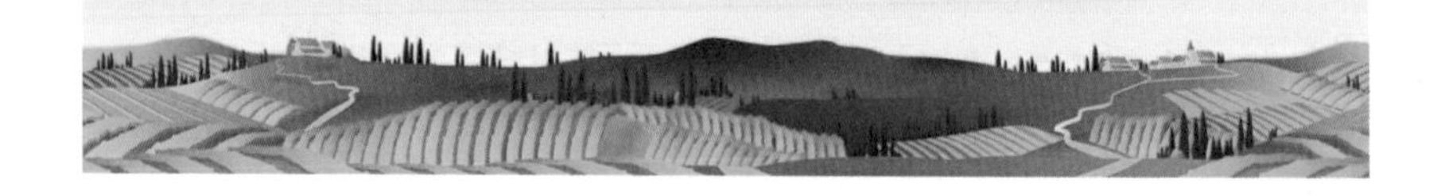

우리나라의 차 인심은 어딜 가도 푸짐하다. 어딜 가나 손님에게는 차를 대접하기 때문이다. 차 중에서도 커피에 대한 인심은 더욱 그러하다. 언제부터인가 커피가 우리나라의 전통차를 제치고 국민들이 가장 선호하는 기호음료가 되어 버렸다. 커피는 독특한 맛과 향을 지닌 기호 음료로 아랍어인 카파(caffa) 즉, 힘을 뜻하는 단어에서 출발하였다. 아마도 커피를 마시면 카페인 때문에 피로가 풀리고 일을 하는 데 힘을 얻기 때문일 것이다. 실제로 하루 한두 잔의 커피는 피로회복에도 좋고 기분도 상쾌하게 한다.

그러나 커피가 주는 장점도 많지만, 단점도 존재한다. 의례적으로 커피를 마시는 사람에게는 부분적이지만 습관성이 생기기도 하는데, 이것이 커피의 가장 큰 부정적 측면이기도 하다. 즉 지나치게 커피를 많이 마시면 커피에 들어 있는 카페인으로 인해서 과민증, 신경질 및 불안감, 두통, 불면증을 일으킨다. 특히 커피를 마시고 담배를 피우는 사람의 경우에는 고혈압을 일으키기도 한다. 또 하루 5잔 이상의 커피를 마시는 남성은 커피를 마시지 않은 사람에 비해 심장마비가 3배나 높았다고 한다.

커피에 많이 들어 있는 카페인은 의약품으로도 사용되며, 중추신경을 흥분시켜서 잠을 쫓는 각성제도 되고, 혈관을 확대시킴으로써 강심작용, 이뇨작용 등이 있으며, 두통을 멈추는 작용을 한다. 문제는 카페인은 중독성이 강하다는 것이다. 그래서 커피를 많이 먹던 사람들이 커피를 중단하게 되면 습관성으로 인해 불안감, 두통, 초조, 우울증 등의 금단증상을 보이게 된다.

하루 한두 잔의 커피는 피로 회복에도 좋고 기분을 상쾌하게 해 즐겁지만 5, 6잔 이상 마시면 문제가 된다. 보통 카페인이 체내에 들어가 1시간가량 지나면 섭취된 카페인의 20%가 분해되고 3~7시간 후에는 반 정도가 오줌으로 배출된다. 그러나 나이가 많을수록 카페인의 효과가 지속되며 임산부와 피임약을 복용하는 여성, 간질환자 등도 분해시간이 길어진다고 한다.

카페인 치사량은 대략 10g으로 이를 커피로 환산하면 100잔 내지 120잔을 일시에 마시는 양이 된다. 하지만 이는 불가능한 일이며 앞서 언급했듯이 삶의 자극제로 커피를 마실 경우 하루 2~3잔 정도가 좋을 것이다. 성인의 경우 이상적인 카페인 섭취는 하루 300mg정도로 이는 커피 종류에 따라 다르지만 대략 2~3잔에 해당된다. 따라서 하루에 커피를 너무 많이 마시지 말고 2~3잔 정도 마시는 것이 좋다.

커피의 원두를 로스팅할 때 원두가 타면서 아크릴아미드, 벤조피렌 등의 유해물질이 발생한다. 특히 벤조피렌은 모든 유기물이 불완전연소 과정에서 생성되는 환경호르몬으로 암을 유발하는 1군 발암물질로 확정된 물질이다. 벤조피렌은 석유 찌꺼기인 피치의 한 성분을 이루며, 콜타르, 담배 연기, 나무 태울 때의 연기, 자동차 매연(특히 디젤차)에 들어 있는 물질이다.

벤조피렌에는 휘발성이 있기 때문에 실제로 로스팅한 원두로 커피를 내려 마시거나 조리한 고기나 튀김류에서는 생각보다 발암물질이 많이 검출되지 않으니 큰 문제가 없다는 해석도 있다. 그러나 로스팅할 때 발생하는 연기는 폐암의 원인이 된다. 요리사나 주부들이 평생 담배를 피지 않았음에도 폐암에 걸리는 경우가 많은데 이것도 벤조피렌이 원인이라 할 수 있다. 따라서 커피를 로스팅할 때는 영향을 최소화하기 위해 환기를 잘해야 한다.

뿐만 아니라 산패한 커피에도 마찬가지로 변질되어 유해한 성분들이 생기게 된다. 따라서 커피를 마실 때는 절대로 산패한 원두를 사용해서는 안된다.

10. 논란이 많은 산분해간장

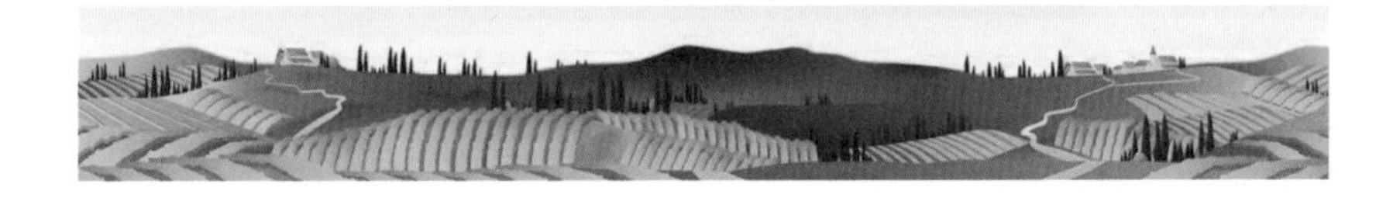

간장은 콩을 발효시켜 만든 액상의 조미료를 말한다. 간장의 종류는 크게 양조간장, 산분해간장, 혼합간장, 한식간장 등 네 종류로 나눌 수 있다.

〈표 8-9〉 간장의 종류

구분	내용	
양조간장	콩, 밀, 쌀, 보리 등 단백질을 포함한 곡식을 누룩균으로 발효시켜 만든 간장	샘표 양조간장, 청정원 양조간장,
산분해간장	식용 염산을 이용해 탈지대두를 분해하여 만든 간장	
혼합간장	양조간장과 산분해간장을 섞은 간장	몽고 혼합간장, 샘표 금 F3 혼합간장
한식간장	전통적인 방법으로 메주, 소금, 숯을 넣어 숙성시킨 간장	조선간장, 진간장, 진장, 중간장, 국간장, 청장

산분해간장은 일본 요리에서 자주 사용되는 간장으로 일반적인 양조간장과는 조금 다른 제조 과정을 거친다. 산분해간장은 탈지대두를 염산으로 강제 분해한 뒤 탄산수소나트륨을 넣어 그 산성을 중화시키고, 각종 조미료·색소·

방부제를 첨가해 만든다. 원료에 콩 성분이 들어갔다는 걸 제외하면 간장과 아무 상관이 없는 화학 조미액이다.

분해할 때 넣는 고농도 식품 염산은 효소를 이용할 때보다 공정이 간단하고, 제조 시간을 줄일 수 있다. 산분해간장은 5일 분해에 10일의 숙성을 거친 15일 만에 만들어진 제품이고 양조간장은 효모, 유산균을 이용하여 발효하고 6개월 이상 숙성한 제품이기에 매우 짧은 기간에 만들어진다. 따라서 제조 공정이 간단하고 제조 기간이 짧다 보니 가격을 낮출 수 있다는 장점이 있어 현재 식당에서 많이 사용하고 있다.

산분해간장은 대두와 밀을 혼합하여 발효시키는 과정에서, 소스의 맛과 향을 형성하는 미생물인 고추장균과 같은 선종 미생물을 사용한다. 이 선종 미생물은 특정 영양분을 분해하여 아미노산으로 바꾸는 작용을 한다. 이로 인해 산분해간장에는 일반적인 간장보다 더 많은 아미노산이 생성되며, 이는 고소하고 깊은 맛을 부여한다.

산분해간장은 특유의 감칠맛과 풍부한 아미노산 함량으로 인해 일본의 전통적인 요리인 규카츠, 우동, 짬뽕, 찌개 등에서 맛을 더해주는 데 많이 사용하며, 마린에이드, 소스, 드레싱 등을 만들 때도 자주 활용된다.

문제는 탈지대두를 분해할 때 넣는 염산 때문에 소비자들은 유해 물질이라는 인식과 함께 산분해간장에 대하여 공포감을 갖게 되는 것은 당연한 일이다. 그래서 산분해간장과 산분해간장을 혼합한 혼합간장보다는 양조간장을 찾는 소비자가 많다.

그러나 화공 약품 염산은 살을 태울 정도로 위험한 물질이지만, 식용 염산은 염산을 희석한 저농도 염산으로 엄연히 식약처에서 허가한 식품첨가물이다. 그리고 노봉수 서울여대 식품공학과 명예교수는 "간장에 사용하는 염산은 알칼리 성분으로 중화 과정을 거치면 소금물이 되기 때문에 인체에 아무런 문제가 되지 않는다"고 말했다. 또한 염산을 이용하여 분해를 완료 후에 가성소다를 넣으면 다시 소금과 물로 전환되고 산은 흔적도 없이 사라지게 되기 때문에 산분해의 안전성은 세계적으로 검증되었다.

따라서 산분해간장을 사용할 때 꺼림칙하다면 산분해간장을 살짝 데쳐서 남아 있는 염산을 날라 가게 하거나 가성소다를 넣으면 완벽하게 사라지게 할 수 있다.

다양한 간장

11. 가장 맛있는 제주 무

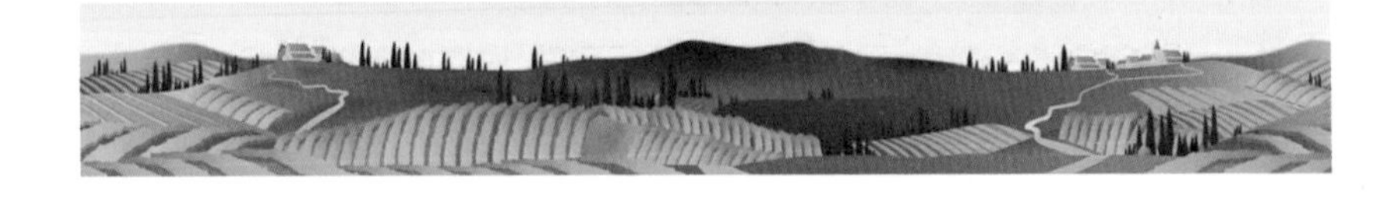

무(Radish)는 배추과의 뿌리 채소로 쌍떡잎식물 십자화과에 속하는 한두해살이풀이다. 무의 원산지는 지중해 연안 설이 유력하며, 세계 곳곳에서 재배되는 뿌리 채소다. 무의 역사는 유럽에서는 로마 제국 시대부터 재배되었다는 기록이 있으며, 국내에는 삼국시대에 재배되기 시작했으며, 문헌상으로는 고려시대의 중요한 채소로 기록돼 있다.

무는 배추와 함께 우리나라의 2대 채소로 크기와 색상에 따라 여러 종류로 나뉘어 있고, 각각의 품종에 따라 어느 계절에나 재배할 수 있다. 무는 생육이 빠르며 서늘한 기후를 좋아하나 추위와 더위에는 약하며, 생육 적온은 15~20℃이다.

무는 김치·깍두기·무말랭이·단무지 등 그 이용이 매우 다양하다. 특히 비타민 C의 함량이 20~25mg이나 되어 예로부터 겨울철 비타민 공급원으로 중요한 역할을 해왔다. 이밖에 무에는 수분이 약 94%, 단백질 1.1%, 지방 0.1%, 탄수화물 4.2%, 섬유질 0.7%가 들어 있다.

무는 전분을 분해하는 아밀라아제와 디아스타제가 많이 들어가 있어 과식으로 소화제가 없을 때 무를 먹으면 효과가 좋다. 또한 무에 포함된 수용성 식이섬유소는 콜레스테롤을 방출하는 역할을 하고 불용성 식이섬유소는 장운동을 촉진하고 수분을 흡수해 변비 예방, 정장작용(창자에서 부패 세균의 생육이 억제되고 깨끗해지는 일)에 좋다. 그리고 무뿌리와 잎에 있는 성분인 인돌과 글루코시노레이트는 몸속에 들어온 발암물질의 독성을 없애는 효과가 있어 조림이나, 국으로 조리하면 국물에 인돌 성분이 녹아들어 항암효과를 증가시킨다. 그래서 무는 밭에서 나는 인삼이라 부른다. 무청은 식이섬유와 카로틴, 철분, 칼슘 등이 풍부해서 칼슘은 무(뿌리)의 약 4배에 이르며 무청에는 비타민 C가 풍부하다. 그리고 무의 씨는 내복자(萊菔子)라는 이름으로 한약재로 사용된다. 따라서 무는 하나도 버릴 것이 없이 모두 먹을 수 있으며, 조리 방법에 따라서 다양한 맛을 내면서 우리 식생활에 매우 밀접하게 관련되어 있다.

제주 무밭

무 중에서 제주에서 자라는 무는 제주의 기름진 토양에서 영양분을 흡수하고 청정한 환경에서 자라기 때문에 단연 탁월한 효능을 가지고 있다. 제주에서는 봄무, 보르도무, 깍뚜기무, 단지무, 레드비트, 흑무, 사탕무, 콜라비, 흑무 등이 재배되고 있다. 그중에서 2002년도에 개발된 제주 봄무는 최상의 무로 인정받고 있다.

제주 봄무는 고객의 식탁에 최고의 원재료를 공급해야 한다는 철학으로 ㈜장충동왕족발를 운영하는 신신자 대표에 의해서 최초로 개발되었다. 개발의 동기는 자사에서 왕족발과 함께 판매되는 동치미를 만들 때 가장 맛있는 가을 무를 사용하여 만들었다. 그러나 가을 무는 3개월 이상 보관이 불가능하기 때문에 1년 내내 사용할 수 없다는 한계에 부딪히게 되었다. 이에 신대표는 여러 번의 시행착오를 거쳐 무는 22~25℃ 온도에서 성장하는 것이 육질이 가장 단단하고, 서리를 맞춰야만 매운맛이 없어진다는 사실을 알게 됐다. 이 같은 적정기온은 국내에선 제주도가 유일했고, 제주도에서도 온도가 높고 지대가 낮은 지역만이 가능했다.

신대표는 바로 제주도로 내려가 무 재배에 적합한 5만 4,000평을 임대해 농장을 직영하였다. 무씨를 9월에 파종하고 겨울 내내 눈·서리를 맞게 하면서 키워 1월부터 수확하였다. 그 결과 무의 당도가 7~8브릭스(당도)까지 나왔으며, 신기하게도 제주 무는 먹고 나서 트림도 안 나왔다. 이렇게 해서 맛있는 제주 가을 무는 탄생했으며, 이후 제주도에서는 가을에 무를 파종하는 게 관례화되었고, 제주 가을 무가 가장 달고 맛있다는 평가를 받게 되었다.

제주 가을 무

제9장

농촌을 살리는 동물복지와 프리덤 푸드

1. 동물복지농장의 정의

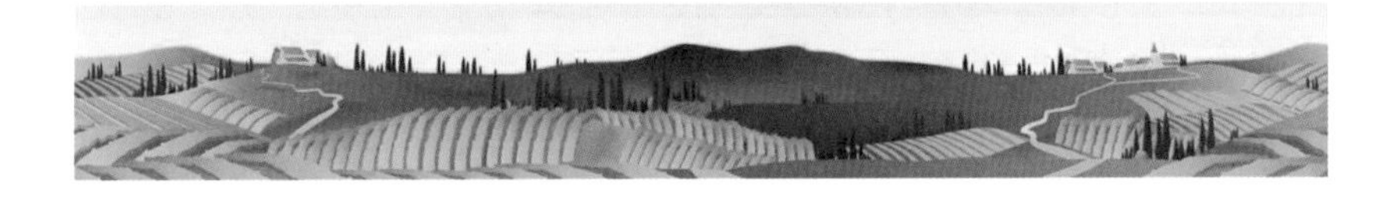

동물복지농장(Animal Welfare Farm 또는 Animal-friendly Farm)은 동물들의 건강과 행복을 최우선으로 고려하는 농장으로, 동물의 적절한 사육 환경과 관리를 제공하여 그들의 복지를 향상 시키는 목적을 가지고 있다. 동물복지농장은 동물들에게 통풍이 원활하고 적절한 온도와 습도를 유지하여 스트레스가 적은 환경을 제공하며, 넓은 공간을 확보하여 자유로운 움직임과 적절한 사회적 상호작용, 영양가 있는 사료를 제공하며, 질병 예방 및 적절한 치료 등을 제공한다.

동물복지농장에서 방목된 소

동물복지농장은 동물학, 윤리학, 식품과학 등의 학문적인 연구와 지침을 기반으로 운영되며, 동물의 생리적, 행동학적 요구에 부합하는 사육 방식을 적용한다. 이러한 농장은 유럽을 중심으로 발전해온 개념으로, 동물복지와 관련된 법규화와 감시 시스템이 더욱 강화되고 있다.

동물복지농장은 다양한 동물들을 대상으로 운영될 수 있으며, 산란계, 육우, 돼지, 양, 닭, 오리 등을 사례로 들 수 있다. 이러한 농장은 사료와 물의 공급, 적절한 청결 유지, 충분한 공간 제공, 동물들 간의 갈등과 상호작용을 고려한 사회적 환경 조성 등의 다양한 측면에서 동물복지를 실현하기 위해 노력하고 있다.

예를 들어 유럽에는 자유 범위 닭장 시스템이 도입되어 닭들이 야외에서 자유롭게 움직일 수 있는 환경을 제공하고, 돼지들을 위한 휴식 공간이 마련된 돼지 복지농장이 있다. 이러한 농장은 소비자들로부터 높은 인식과 지지를 받으며, 동물복지 인증기준을 충족하는 제품의 수요도 증가하고 있다.

동물복지농장은 동물의 행복과 건강을 존중하며, 윤리적인 사육 방식을 추구하는 농장으로서 사회적 책임을 갖고 있다. 동물복지농장은 소비자들에게 안전하고 윤리적인 식품을 제공하는 역할을 수행하며, 동시에 환경보호와 지속 가능성을 고려한다. 이러한 농장은 공공의 이익과 동물의 복지를 조화시키는 방향으로 발전하고 있다.

2. 동물복지농장의 역사

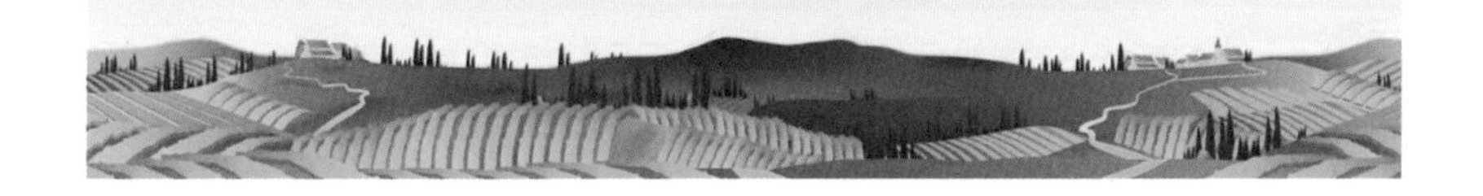

동물복지농장의 역사는 동물복지에 대한 인식과 관심이 증가함에 따라 형성되었다. 과거에는 동물들은 단지 생산성과 이윤 추구의 대상으로만 취급하는 경향이 있었지만, 20세기 이후 동물복지에 대한 인식의 변화와 과학적 연구의 발전으로 인해 동물들의 복지와 존엄성이 더욱 중요시되었다.

동물복지에 대한 관심을 갖게 된 것은 1960년대부터 동물복지에 대한 이슈가 더욱 주목받기 시작하면서 부터다. 이는 동물 실험, 동물 사육, 육식 산업 등에서 동물들이 겪는 고통과 학대에 대한 인식이 증가한 결과다. 이러한 인식 변화는 동물복지에 대한 공론화를 이끌었고, 이를 위한 법률 및 규정의 도입과 국제적인 논의가 진행되었다.

동물복지농장에서 방목된 돼지

1980년대부터는 동물복지에 대한 과학적 연구와 학문적인 발전이 이루어졌다. 동물 행동학, 생리학, 심리학 등의 분야에서 동물들의 행동과 필요 조건에 대한 연구가 확대되었고, 이를 토대로 동물들에게 적합한 사육 환경과 케어 방법을 연구하기 시작했다.

1990년대부터는 동물복지에 대한 국제적인 인증과 인식이 더욱 강조되기 시작했다. 다양한 국제기구와 단체에서 동물복지에 대한 가이드 라인과 인증 프로그램을 개발하였고, 이를 통해 동물복지를 인증받은 제품이 시장에 출시되기 시작했다. 이러한 동향은 소비자들의 동물복지에 대한 관심과 요구가 증가함에 따라 더욱 강조되었다.

현재는 동물복지에 대한 인식과 연구가 계속 진행되고 있으며, 동물복지농장은 지속 가능하고 윤리적인 사육 방식을 실현하기 위한 모범 사례로 주목받게 되었다.

이에 유럽연합(EU)은 동물복지와 관련된 법규화를 강화하고, 자유 범위 닭장, 유기 양식, 안전하고 효율적인 돼지 사육 방식 등을 규제하고 지원하는 정책을 시행하고 있다. 또한, 유럽을 중심으로 많은 동물복지농장들이 운영되고 있으며, 이러한 농장들은 동물복지 인증을 받거나 지속 가능한 농업 인증을 획득하는 등의 외부 인증을 통해 신뢰성과 투명성을 제공하고 있다.

자유로운 환경에서 운동하는 개

3. 동물복지농장의 특징

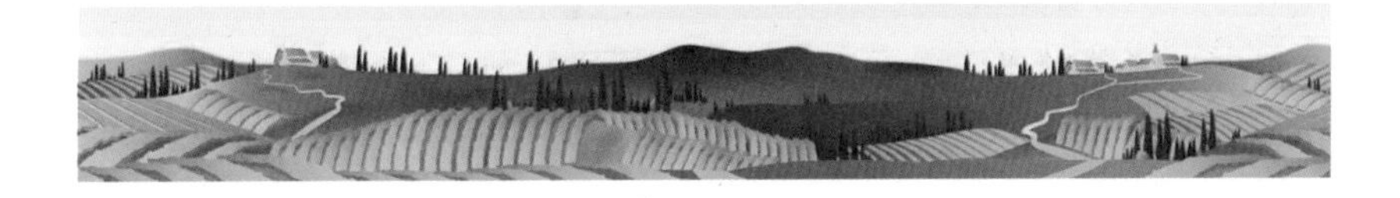

동물복지농장의 특징은 동물의 복지를 최우선 고려한다는 점이다. 동물들에게 적절한 공간과 환경을 제공하고, 사료와 물의 공급, 질병 예방 및 치료, 적절한 사회적 상호작용 등을 통해 동물들의 행복과 건강을 유지하는 것이 주요 목표다. 또한, 농장 내에서는 동물들을 관찰하고 적절한 행동 및 표현을 이해하기 위해 교육과 훈련을 받은 종사자들이 관리와 감독을 담당한다.

현재 동물복지농장은 농업과 동물복지를 조화 시키는 미래지향적인 농업 모델로 주목받고 있다. 이러한 농장들은 동물의 복지를 중시하는 소비자들로부터 높은 인식과 지지를 받으며, 윤리적이고 지속 가능한 농업을 추구하는 데 큰 역할을 한다. 동물복지농장은 농업산업의 혁신과 발전에 기여하는 동시에 동물들에게 보다 나은 생활 환경을 제공하여 더욱 건강하고 행복한 동물들을 양육하는 데 주력하고 있다.

동물복지농장들은 농업인들에게 새로운 비즈니스 모델을 제시하고, 소비자들에게는 안전하고 윤리적인 식품을 제공하는 것을 목표로 하고 있다. 동물복지농장은 농촌 지역의 활력과 경제적인 지속성을 증진 시키는 데 큰 역할을 하며, 동물들과 인간이 조화로운 공생을 이루는 농업의 가능성을 제시하고 있다.

이로 인하여 많은 국가에서 동물복지농장을 육성하고 지원하기 위한 정책과 제도가 마련되고 있다. 또한, 소비자들의 동물복지에 대한 관심과 요구가 높아지면서, 동물복지 인증 제도가 도입되어 소비자들이 인증받은 제품을 선택할 수 있게 되었다.

4. 프리덤 푸드

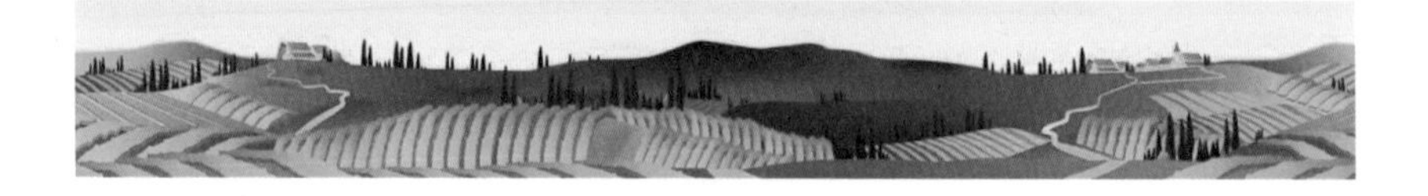

1985년 4월 영국 남동부 캔트주에서 역사상 최초의 광우병 소가 생겼고, 그 이후 걸 잡을 수 없이 영국 전역에 광우병에 걸린 소가 생기기 시작했다. 영국은 광우병 파동을 겪은 후 왕립동물학대방지협회(RSPCA)가 주축이 되어 1994년 프리덤 푸드 제도를 도입하였다.

프리덤 푸드(Freedom Food)는 영국에서 동물복지 인증을 위해 설립된 프로그램으로, 동물들이 보다 좋은 생활 조건에서 사육되도록 돕는 역할을 한다. 이 인증은 가축, 닭, 돼지, 양 등 다양한 동물 종에 대한 복지 기준을 수립하고 인증하는 것을 목표로 한다.

프리덤 푸드 인증 마크

프리덤 푸드 인증은 동물들이 안전하고 건강한 환경에서 자연스러운 행동을 할 수 있도록 적절한 사육 방식을 인정한다. 이를 위해 농장들은 동물들에게 충분한 공간, 청결한 환경, 올바른 사료 및 물의 공급, 휴식 공간 등을 제공해야 한다. 동물들의 스트레스를 최소화하고, 질병 예방을 위한 적절한 돌봄과 의료 조치를 제공하는 것도 중요한 요소다.

프리덤 푸드 인증을 받기 위해서는 동물을 키우는 데 다음의 5대 원칙이 지켜져야 한다.

① 배고픔 갈증에서 자유
② 불편함에서 자유
③ 고통 상처 질병에서 자유
④ 공포 스트레스에서 자유
⑤ 정상적인 활동을 할 자유

프리덤 푸드 인증은 정부의 동물복지 규정과 독립적인 복지 기준을 기반으로 하며, 독립적인 감사 시스템을 통해 농장들을 정기적으로 평가한다. 인증을 받은 농장들은 프리덤 푸드 로고를 사용하여 제품을 판매하며, 소비자들은 이 로고를 통해 동물복지에 대한 높은 기준을 충족 시킨 제품을 구매할 수 있다.

프리덤 푸드 마크가 붙어 있는 식품

프리덤 푸드는 동물복지 인증 프로그램으로서 소비자들에게 신뢰성과 투명성을 제공하며, 동물복지를 중요시하는 소비 트랜드에 부합하는 제도다. 이를 통해 더 나은 동물복지를 실현하고, 동물들이 건강하고 행복한 환경에서 사육되도록 도울 수 있다.

영국에서는 프리덤 푸드 인증 마크가 붙여진 축산물이 안전하고 좋은 것이라는 보편적인 기준으로 자리를 잡은 상태다. 이 5대 원칙은 현재 전 세계적으로 동물복지의 준거로도 활용되고 있다.

5. 동물복지농장 사례

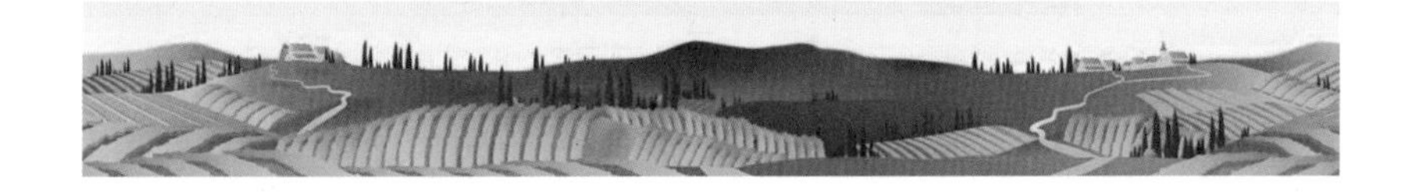

1) 네덜란드 크롤런더푸르 농장

크롤런더푸르 농장(Kloosterboerderij van Buuren)은 유기 양식과 자유범위 방식을 결합하여 소와 돼지들에게 최적의 사육 환경을 제공하고 있다. 소와 돼지들은 넓은 공간에서 자유롭게 움직이며, 적절한 사료와 물을 공급받고, 스트레스를 최소화하기 위한 환경을 갖추고 있다. 또한, 농장 내에는 동물복지에 대한 교육 및 훈련을 받은 종사자들이 상시로 동물들을 관찰하고 관리하여 동물들의 건강과 복지를 적극적으로 관리하고 있다.

크롤런더푸르 농장에서 자유로운 소

2) 미국의 폴리페이스 농장

미국의 버지니아 주 시골에 위치한 폴리페이스 농장(Polyface Farms)은 2㎢의 면적에서 유기 농업과 자연 친화적인 사육 방식을 도입하여 돼지와 닭들에게 자유롭고 자연스러운 환경을 제공하고 있다. 농장은 돼지들과 닭이 실외에서 마음대로 놀고 먹을 수 있는 공간과 야외 습지를 조성하여 동물들이 건강하고 행복하게 사는데 필요한 조건을 만족시키고 있다. 이를 통해 돼지들과 닭은 자연스러운 행동을 할 수 있고, 스트레스를 최소화하여 건강한 생존과 번식에 이바지하고 있다. 또한 닭은 돼지의 분변을 분해하는 역할을 하며, 이는 토양을 보호하는 역할을 한다.

폴리페이스 농장에서 자유로운 닭과 돼지

3) 덴마크 그린 치킨 농장

그린 치킨 농장(Gr ø n Kylling Gård)은 유기 양식과 자유롭게 움직일 수 있도록 방사해서 키우는 동시에 닭들에게 최적의 사육 환경을 제공하고 있다.

그린 치킨 농장에서 자유로운 닭과 가공품

닭들은 넓은 운동장에서 자유롭게 이동하며 햇빛을 받을 수 있으며, 건강한 식물성 사료를 공급받는다. 또한, 농장은 동물들의 행동을 적절히 이해하기 위해 종사자들에게 교육과 훈련을 제공하여 동물들의 복지를 적극적으로 관리하고 있다. 그린 치킨은 고객들로부터 동물복지 인증을 받았으며, 유기농 닭고기로 유명하게 되었다.

4) 스웨덴의 아리스토팜 농장

아리스토팜 농장(Arstad Gård)은 농장 동물들의 행복과 건강을 위해 혁신적인 기술을 도입하고 있다. 예를 들어, 농장은 건강한 사료와 청결한 환경을 제공하기 위해 자동화된 사료 공급 시스템과 청결 유지 시스템을 도입하였다. 또한, 농장은 인텔리전트 센서와 인공지능 기술을 활용하여 동물들의 행동을 모니터링하고, 동물복지 상태를 실시간으로 파악할 수 있는 시스템을 구축하였다. 이를 통해 농장은 동물들에게 최적의 환경과 돌봄을 제공하고, 동물의 스트레스를 최소화하여 건강한 성장과 번식에 이바지하고 있다.

아리스토팜 농장의 자유로운 환경에서 자라는 닭

6. 한국 동물복지농장의 현실

한국의 농림축산식품부에서는 동물복지란 인간이 동물을 이용함에 있어 윤리적 책임을 가지고 동물이 필요로 하는 기본적인 조건을 보장하는 것이라고 하였으며, 구체적으로는 동물의 5대 자유(배고픔·영양불량·갈증, 불편함, 통증·부상·질병, 두려움·고통으로부터의 자유와 정상적인 행동 표현 자유)를 충족시켜 주는 것을 말한다. 세계동물보건기구(OIE)에서는 동물복지를 건강하고 안락하며 좋은 영양 및 안전한 상황에서 본래의 습성을 표현할 수 있으며, 고통·두려움·괴롭힘 등의 나쁜 상태를 겪지 않는 것으로, 이를 위해서는 질병예방, 수의학적 처치, 적정한 축사, 관리, 영양, 인도적 취급 및 도축·살처분이 요구되는 것을 말한다.

동물복지 축산농장 인증 마크

농림축산식품부에서는 동물복지농장이란 동물이 본래의 습성을 유지하며 정상적으로 살 수 있도록 관리하는 농장이라고 정의하고, 2012년부터 '동물복지 축산농장 인증제'를 시행하고 있다. 동물복지 축산농장 인증제는 높은 수준의 동물복지 기준에 따라 인도적으로 동물을 사육하는 소·돼지·닭·오리 농장에 대해 국가에서 인증하고, 인증 농장에서 생산되는 축산물에 대해 동물복지 축산농장 인증 마크를 표시하게 한다. 인증 마크는 포장 색과 맞추어 녹색·빨강·파랑으로 표시할 수 있다.

동물복지농장은 2012년 산란계를 시작으로 2013년 양돈, 2014년 육계, 2015년 한육우·젖소·염소, 2016년 오리농장에 대한 인증이 시작되어 현재에 이르고 있다. 동물복지농장을 인증받기 위해서는 「동물복지 축산농장 인증기준 및 인증 등에 관한 세부 실시 요령」 5조에 의해 축종별 개별 인증기준에 적합 판정을 받아야 한다. 동물복지농장 인증을 받은 농장에 대해서는 농림축산검역본부에서 운영하는 동물보호관리시스템(http://www.animal.go.kr)에서 확인할 수 있다.

정부에서는 기존 축산 농가에 대해서도 유럽연합(EU) 기준 사육밀도 준수 의무화를 앞당겨 당초 2027년에서 2025년으로 앞당기고, 동물복지형 농장 비중을 2017년 104개(8%)에서 2025년 30%까지 확대할 예정이다. 또는 신규 진입하는 농가에서는 2018년부터 유럽연합(EU) 기준 사육밀도(마리당 0.075㎡) 또는 동물복지형 축사(평사·방사·개방형 케이지)가 의무화된다.

동물복지형 농장의 핵심은 단위 면적당 사육 두수를 줄여 동물의 복지를 높이고, 항생제 미사용, 깨끗한 분뇨 처리를 통해 동물들의 건강을 높이는 것이다. 현재 산란계 농장은 공장형 밀집 사육을 하기 때문에 좁은 케이지에서 닭을 키워 질병이나 전염병에 취약하다. 따라서 농장주들은 생산성 향상을 위해 어쩔 수 없이 항생제를 많이 사용할 뿐만 아니라 동물들이 매우 열악한 환경에 놓여 있어 동물들이 불안과 스트레스를 받기 때문에 제품의 질도 떨어지는 구조로 되어 있다.

동물복지형 농장을 하게 되면 사육 두수가 줄어들어 생산성이 약해질 것이라는 주장도 있지만 오히려 축사에서 동물들이 건강하게 자라고 빠른 성장

속도를 보이고 있으며 생산 비용 감소와 함께 품질이 높아짐에 따라 공장식 축사에서 사육되는 것과 비교해도 경제적인 손해는 거의 없다는 것이 학자들의 공통된 생각이다. 그러나 동물복지형 농가의 비중을 획기적으로 끌어올리기 위해서는 정부가 축산 농가 현대화 자금이나 직불금 등을 지원하는 등 인센티브를 대폭 강화해야 한다.

동물복지 축산농장 제도 자체가 동물들에게 쾌적한 사육환경을 제공하고 스트레스와 불필요한 고통을 최소화하여 동물이 건강해지기 때문에 건강한 동물로 생산되는 축산물은 안전하다는 것이 일반적인 견해다. 따라서 앞으로 축산물을 구매할 때는 꼭 동물복지 축산농장 인증 마크를 확인하고 동물복지 축산농장에서 생산된 제품을 구매한다면 그만큼 나와 가족의 건강을 지키는 데 중요한 역할을 하게 된다. 동물복지 축산농장 인증을 받은 축산물을 구매하려면 동물보호관리시스템에서 구매처를 확인하고 구매할 수 있다.

친환경 계란을 낳는 닭

참고 문헌

〈국내 문헌〉

김강현(2018). 농업의 한국형 6차 산업화 모델 구축. (재)파이터치연구원.

김경찬(2018). “농촌융복합산업 육성을 위한 인증제도와 인증 경영체에 관한 연구”. 서울대학교 대학원 박사학위논문.

김병규(2016). 감각을 디자인하라. 미래의 창

김솔희, 서교, 박지영, 이성우, & 전정배(2020). 정부별 국정운영 방향과농촌지역개발사업 변화 분석. 농촌계획, 26(1), 122-136.

김용렬, 이형용, & 정도채(2018). 지역단위 6차산업화 생태계 특성 분석. 농촌계획, 24(2), 1-19.

김정섭(2020). 사회적 농업의 이해. 지역과 농업.

김태곤·허주녕(2011). 농업의 6차산업화와 부가가치 창출 방안. 한국농촌경제연구원

권오성(2013). 일본 농어업 6차산업화 지원책 및 추진현황. 열린 충남 해외 리포트

권용덕(2014). 농업의 6차 산업화와 추진과제. 경남발전 , 133, 57-70.

구경민·김태웅·한선하·안영순·전예정·이제명·황수진(2021). HACCP 인증 현황 및 발전방안, 「한국식품과학회」, 54(2), 63~72.

김용렬·허주녕·이은경(2011).일본 농산어촌 6차산업화 제도 안내. 한국농촌경제연구원

김응규(2013). 일본의 6차산업화펀드 추진 동향. NHERI주간 브리프. 농협 경제연구소

김태곤·허주녕(2011). 농업의 6차산업화와 부가가치 창출방안. 한국농촌경제연구원

김태곤·허주녕·양찬영(2013). 농업의 6차산업화 개념설정과 창업 방법. 농경나눔터 제401호. 한국농촌경제연구원

김태곤·허주녕·양찬영(2013). 농업의 6차산업화 개념설정과 창업 방법. 제69호. 한국농촌경제연구원
농림축산식품부(2013a). 2013~2017 농업 농촌 및 식품산업 발전계획
농림축산식품부(2013b). 6차산업화 창업매뉴얼. 농림축산식품부. (2014). 6차산업화 지원정책 매뉴얼 : 농업·농촌에 창조를 담다. 서울: Jinhan M&B(진한엠앤비).
농림축산식품부(2015). 2016~2020 제1차 6차산업 육성 기본계획(안).
농림축산식품부(2017a). 2017년도 6차산업 활성화를 위한 농촌융복합산업 활성화 지원사업 세부사업 추진요령(안).
농림축산식품부(2017b). 농촌융복합산업 사업자 인증제 운영요령.
농림축산식품부(2021). 2021년도 농촌융복합산업 활성화 지원사업 세부사업 추진계획.
농림축산식품부 & 충남발전연구원(2014). 6차산업 중간지원체계 구축 및 농촌산업 사업자 인증제 도입방안 연구.
농림축산식품부 & 한국농어촌공사(2017). 6차산업 기초실태조사 보고서.
농림축산식품부 & 한국농어촌공사(2019). 농촌융복합산업 기초실태조사 및 분석.
농업개발연구소(2000). 농업 관련 산업의 통계지표 개발. 서울: 서울대학교.
농촌진흥청(2014). 6차산업 유형별 사업매뉴얼.
농촌진흥청(2016). 6차산업 유형별 사업매뉴얼 : 창조농업 첫 걸음, 어떻게 추진할 것인가?. 서울: Jinhan M&B(진한엠앤비).
농림축산식품부(2019). 『2019 농촌융복합산업 기초실태조사 및 분석』, 2019.
문정현·강인호(2017). 관광 스토리텔링이 매력지각과 만족도에 미치는 영향. 관광연구. 32(2).
박경옥·신문기·류지호(2015). 지역주민의 지역사회 애착과 관광 개발에 대한 태도 연구. 관광레저연구. 27(1).
박시현(2013). 농촌 6차산업화를 위한 농촌관광의 발전 방향. 제66호. 한국 농촌경제연구원.
안기선(2020). 농촌융복합산업의 사례 분석을 통한 농업디자인 특성 연구. 산업디자인학연구, 14(3), 41-51.
우장명, 이승옥, & 김한솔(2019). 충북의 농촌융복합산업 인증경영체 현황및 육

성방안. 충북연구원.
유학열·이영옥(2013). 국내 농업의 6차산업화 사례진단과 과제. 농촌진흥청
이병오(2013). 일본의 농식품 6차산업화 정책현황과 시사점. 농촌진흥청
이상영(2013). 농림축산업의 신성장 동력화와 6차산업화 추진전략. 농촌진흥청
서윤정(2013). 6차산업 융복합 혁명. HNCOM.
전도근(2017). 전직지원의 이론과 실제. 교육과학사.
정도채(2020). 지속가능한 농촌을 위한 농촌융·복합산업 육성 방향 및 과제. 월간 공공정책 , 171, 57-60
정종영(2021). 농촌융복합산업 활성화 방안에 대한 연구 – 전라남도 사례를 중심으로. 순천대학교 대학원 석사학위논문.
kostat.go.kr황수철(2013). 농식품 6차산업화의 전망과 과제. 농촌진흥청.
한국농촌경제연구원(2020). 제2차 농촌융복합산업 기본계획(2021-2025) 수립방향 연구.
현대경제연구원(2018). 2018년 국내 10대 트랜드. 현대경제 연구원
홍승지(2019). 6 차산업화 제품의 소비자 만족도와 구매의도에 관한 연구. 한국지역개발학회지, 31(5), 161-178.

〈법령〉

「농촌융복합산업 육성 및 지원에 관한 법률」
「농촌융복합산업 육성 및 지원에 관한 시행령」
「식품 및 축산물 안전관리인증 기준」
「축산물 위생관리법 시행규칙」

〈홈페이지〉

농촌융복합지원센터 : https://www.xn--6-482fq5fy8gb6c1vi.com/
중소벤처기업부 : www.mss.go.kr
통계청 : kostat.go.kr
한국식품안전관리인증원 : www.haccp.or.kr
한국식품의약품안전처 : www.mfds.go.kr
한국임업진흥원 : www.kofpi.or.kr

〈외국 문헌〉

Ansari, B., Mirdamadi, S. M., Zand, A. & Arfaee, M(2013). Sustainable entrepreneurship in rural areas. Research Journal of Environmental and Earth Sciences, 5(1), 26-31.

Austin, J., Stevenson, H. & Wei-Skillern, J(2006). Social and Commercial Entrepreneurship: Same, Different, or Both?. Harvard Business School, 30(1), 1-22.

Bandura, A(1977). Self-efficacy: Toward a unifying theory of behavioral change. Psycological review, 84(2), 191-215.

Bandura, A(1982). Self-efficacy mechanism in human agency. American Psychologist, 37(2), 122-147.

Bandura, A(1986). Social Foundations of Thought and Action: A social cognitive theory. Englewood Cliffs, New Jersey: Prentice-Hall.

Bandura, A.(1993). Perceived self-efficacy in cognitive development and functioning, Educational Psychologist, 28(2), 117-148.

Bandura, A(1997). Self-efficacy: The exercise of control. New York: W. H. Freeman.

Caves, R. E(2000). Creative industries: Contracts between art and commerce (No. 20). Harvard University Press.

Clark, C(1940). The Conditions of Economic Progress. London: Macmillan & Co.

Conant, J. S., Mokwa, M. P. & Varadarajan, P. R(1990). Strategic types, distinctive marketing competencies and organizational performance : A multiple measures-based study. Strategic Management Journal, 11(2), 365-383.

Covin, J. G. & Slevin, D. P(1991). A Conceptual Model of Entrepreneurship Firm Behavior, Entrepreneurship: Theory And Practice, 16(1), 7-25.

Czop, K. & Leszczynska, A(2011). Entrepreneurship and innovativeness

: in search of the interrelationships. International Journal of Innovation and Learning, 10(2), 156−175.
Dahles, H. & Bras, K(1999). Entrepreneurs in Romance. Tourism in Indonesia. Annals of Tourism Research, 26(2),267−293
Eneringham, C(2003). Social justice and the politics of community. London: Ashgate.
Gibson, L., & D. Stevenson(2004). Urban space and the uses of culture. International Journal of Cultural Policy, 10, 1-4
Govindarajan, V(1984). Appropriateness of accounting data in performance evaluation: An empirical examination of environmental uncertainty as an intervening variable, Accounting Organization and Society, 19(2), 125−135.
Homburg, C. & Pflesser, C(2000). A multiple−layer model of marketoriented organizational culture: Measurement issues and performance outcomes. Journal of marketing research, 37(4), 449−462.
Ittner, C. D. & Larcker, D. F(1998). Innovations in performance measurement: Trends and research implications, Journal of Management Accounting Research, 4, 205−238.
Kanter, R. M(1983). The Change Masters: Innovation for Productivity in the American Corporation. NY: Simon & Schuster.
Kaplan, R. S. & Norton, D. P(1992). The balanced scorecard measures that drive performance. Harvard Business Review, (1−2), 71−79.
Kaplan, R. S. & Norton, D. P(1996). Using the Balanced Scorecard as a strategic management system. Harvard Business Review, (1−2), 75−85.
Kaplan, Roger(1987). Entrepreneurship Reconsidered : The Antimanagement Bias. Harvard Business Review, 65(3), 84−89.
Kenessey, Z(1987). The Primary, Secondary, Tertiary and Quaternary Sectors of the Economy. Review of Income and Wealth, 33(4),

359-385.
Lindstorm, M(2010). Non-process elements control in the liquor cycle through the Use of an ash leaching system. In International Chemical Recovery Conference.
Rogers, J. B(2018). Agriculture boom now in the making. Financial Daily
Sacco, P. L., & Segre, G(2009). Creativity, cultural investment and local Development: a new theoretical framework for endogenous growth. In Growth and innovation of competitive regions (pp. 281-294). Springer, Berlin, Heidelberg
Teixeira, T. S., & Piechota, G(2019). Unlocking the customer value chain: How decoupling drives consumer disruption. Currency

今村奈良臣(1998). 新たな価値を呼ぶ, 農業の6次産業化：動き始めた, 農業の總合産業戰略. 地域に活力を生む, 農業の6次産業化：パワーアップする農業·農村 , (財)21世紀村づくり塾, 1-28.
今村奈良臣(2011). 農業の6次産業化で地域に活力を. 畜産の情報 , 2011(11).
今村奈良臣(2012a). 農業の6次産業化の理論と實踐の課題. ARDEC , 47, 2-6.
今村奈良臣(2012b). Opinion. 畜産の情報 . 2012(12), 2-6.
葉山幹恭(2013). 非大規模農家による多角化戰略の現狀. 追手門経營論集 , 19(1), 201-223.
吉田眞悟(2020). 都市近郊農業経營の多角化プロセスと経營發展の相互關係. 農林水産政策研究 , 32(0), 17-41.
川﨑訓昭(2016). 農業経營の發展とアントレプレナーシップ. 農業経營研究 , 54(1), 13-24.
加藤知愛(2013). 北海道における農業六次産業化企業家育成事業 ： アントレプレナーたちの實踐事例研究. 開發こうほう , 2013(2), 34-38.
木南章, 木南莉莉, 古澤愼一(2020). 農業経營の多角化における起業家精神とソーシャル・キャピタル：農産物加工事業と消費者への直接販賣事業を對象として. 新潟大學農學部研究報告 , 72(0), 51-58.
木南章, 木南莉莉, 古澤愼一(2021). 日本農業における新規開業と起業家精神. 日本地域學會 第58回 年次大會 學術發表論文集. 工藤康彦, 今野聖士(2014). 6次産業化における小規模取り組みの實態と政策の課題. 農経論叢 , 69(0), 63-76.
小林茂典(2012a). 6次産業化の展開方向と課題. 月刊Nosai , 64(6), 38-46.
小林茂典(2012b). 6次産業化の類型化とビジネスモデル. 農林水産政策研究所シンポジウム , 2012(11).
小林茂典(2015). 6次産業化の動向と課題. 農村生活研究 , 58(2), 10-20.
小椋康宏(2014). 企業家精神と企業家的経營者 : ベンチャー創出の行動理念. 現代社會研究 , 12(0), 15-22.
藤﨑浩幸(2018). 農業農村の六次産業化. 森林環境 , 2018, 46-54.
坂田祐里香, 長屋沙和子, 辻凌平, 中野響子, 中村圭(2012). 農業の6 次産業化促進のために - 取引コスト理論からのアプローチを通じて. WEST 論文研究發表會 2012 , 1-41.
伴秀實, 東山寛(2020). 小規模農業者による六次産業化の取り組みと顧客への新たな「価値創造」: 千歳市・小栗農場「(有)ファー ム花茶」を事例として. 農経論叢 , 74(0), 109-117.
農林水産政策研究所(2015). 6次産業化の論理と展開方向: バリューチェーンの構築とイノベーションの促進.

저자 소개

신 신자

저자는 국내에서 족발로 가장 유명한 (주)장충동왕족발의 CEO로서 제24대 대전상공회의소 부회장을 역임하였다. 2008년 제42회 납세자의 날 대전지방국세청장상을 수상하였다.

저자는 부산시 동래구에 내려가 장충동왕족발 체인점을 열어 '고객 최우선주의'라는 기치를 걸어 특유의 섬세함과 배려로 전국 1등 매장으로 자리매김하였다. 이후 어려운 처지에 놓인 본사를 2001년에 인수해 세간에 큰 화제가 됐다.

대전 은행동에서 처음 시작된 ㈜장충동왕족발은 저자가 인수한 이후 꾸준한 도약으로 전국적인 프랜차이즈로 성장했다. 현재 전국에 물류 네트워크와 180여 개의 전국 체인점을 보유한 동종업계 1위를 고수하고 있다. 특유의 담백한 제품력으로 믿고 찾는 브랜드 파워와 유명세를 떨치고 있으며, 유사상표까지 등장할 만큼 인기다.

소설가 미우라 아야꼬 문학관에서 더불어 사는 사회의 가치, 깨달음을 얻어 (주)장충동왕족발은 체인점과 직원들이 행복한 기업, 사회와 상생하는 착한 기업으로도 명성이 높다. 이를 위하여 매출 수익의 30% 이상을 직원들의 인센티브로 지원하며, 수익의 10%는 사회에 환원하고 있어 사회의 귀감이 되고 있다. 2002년도에는 존 로빈스의 '음식혁명'이라는 책을 접하며 바른 먹거리에 대한 관심이 커져 전 세계의 건강한 바른 먹거리를 찾아서 국민들에게 제공하기 위하여 연구하고 있으며, 제품으로 출시하고 있다.

이 창기

저자는 전북 부안에서 태어나 언젠가는 고향을 살리는 일을 하고 싶다는 꿈을 키워 왔으며 전북대에서 정치학 학사학위를, 서울대에서 행정학으로 석, 박사학위를 받고 대전대 행정학과 교수(1985-2020)로 재직하면서 대전지역발전을 위해 '대전의 모든 것'이라는 전국 최초의 지역학 책을 저술하고 지방을 살리기 위해 세종시를 쟁취하기 위한 행정수도이전범국민연대 상임대표를 맡는가 하면 대전대 인적자원개발원 원장, (재)대전발전연구원장, 미래융합교육원 원장 등을 역임하여 우리나라 행정과 교육 발전에 크게 기여하였다.

특히 (사)한국평생교육총연합회장을 역임하면서 전국에 평생교육의 활성화는 물론 평생교육을 통해 행복한 사회를 만들기 위하여 노력해왔다. 또한 대전발전연구원장 재직시 지식경제부의 공모사업인 대청호 생태관광 프로젝트를 수행해 전국에 널리 알려진 대청호 오백리길을 조성했다.

저자는 '행복은 건강이 최고, 안전이 제일, 사랑이 으뜸, 여유가 있으면 금상첨화'라는 공식을 실천하기 위해 현재는 한국걷기운동본부 이사장, 대전경실련 도시안전디자인센터 이사장, 한국장애인멘토링협회 총재, 국민여가운동본부 총재, 한국공공행정학회 이사장으로 재직하면서 행복하고 건강한 사회를 만들기 위해 노력하고 있다.

저서로는 「함께하는 공동체의 행복 공식」, 「공동체 행복의 이론과 실천」 등을 집필하여 공동체의 복원을 통해 행복한 사회건설을 추진하고 있다.

농촌을 살리는 **융복합산업혁명**

초판1쇄 인쇄 - 2023년 6월 20일
초판1쇄 발행 - 2023년 6월 20일
지은이 - 신신자·이창기
펴낸이 - 이영섭
출판사 - 인피니티컨설팅
서울 용산구 한강로2가 용성비즈텔. 1702호
전화 02-794-0982
e-mail - bangkok3@naver.com
등록번호 - 제2022-000003호

9791193126028

ISBN 979-11-93126-02-8[13520]

값 18,000원